ABITUR TRAINING

Harald Riede

Analytische Geometrie und lineare Algebra 2

Aufgaben mit Lösungen

Mathematik Grund- und Leistungskurs

STARK

ISBN: 3-89449-160-4

2. Auflage 1993

Inhalt

(Fortsetzung nächste Seite)

Autor: Dr. Harald Riede, OStR am Amos-Comenius-Gymnasium
Bonn-Bad Godesberg

Vorwort

Liebe Schülerin, lieber Schüler

mit diesem Buch halten Sie ein **kompaktes Trainingsmaterial** in Händen, daß Sie dabei unterstützen soll, im Bereich der analytischen Geometrie und linearen Algebra sich optimal auf Klausuren und das Abitur vorzubereiten.

Dieses Ansinnen spiegelt sich auch in seinem Aufbau wider

- Im **Theorieteil** sind alle Begriffe und Rechengesetze, die Sie zur Lösung der Aufgaben benötigen, kurz und prägnant zusammengestellt.
- Im Anschluß an jedes Kapitel finden Sie eine Anzahl von **Aufgaben**, anhand derer Sie das Erlernte einüben können.
- **Ausführlichen Lösungen** ermöglichen eine optimale Wissenskontrolle.

Mit Hilfe dieses Bandes können Sie Wissenslücken rechtzeitig erkennen und durch Wiederholung der entsprechenden Stoffgebiete und Aufgaben gezielt und selbständig schließen.

Das Thema "Normalenform für Gerade und Ebene" finden Sie in dem Band "Analytische Geometrie und lineare Algebra 1", Titel-Nr. 94005, behandelt.

Harald Riede

Ein Punkt $P(x|y)$ der Ebene $\mathbb{R}^2$ hat nach Abb. 1 den Abstand $r \geqslant 0$ vom festen Punkt $M(c|d)$, wenn (Pythagoras!) 1.1 Kreisgleichung (analytisch)

$$\boxed{(x-c)^2 + (y-d)^2 = r^2} \; .$$

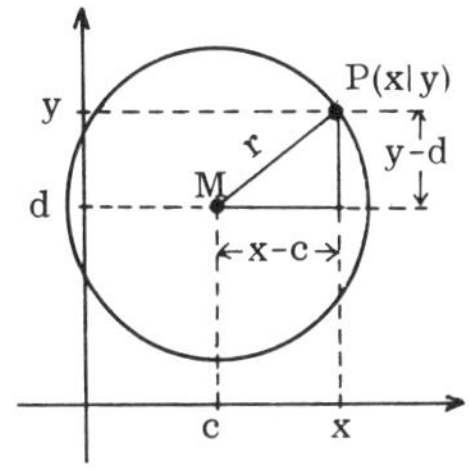

Abb. 1

Mit $\mathfrak{t} = \begin{pmatrix} c \\ d \end{pmatrix}$, $\mathfrak{x} = \begin{pmatrix} x \\ y \end{pmatrix}$ läßt sich diese Bestimmung gleichwertig ausdrücken durch 1.2 Kreis- und Kugelgleichung (vektoriell)

$$\boxed{|\mathfrak{x} - \mathfrak{t}| = r \quad (\text{bzw. } (\mathfrak{x} - \mathfrak{t})^2 = r^2)}$$

Deuten wir $\mathfrak{x}$, $\mathfrak{t}$ als Vektoren im Raum $\mathbb{R}^3$ (Abb. 2), so weist wieder $\mathfrak{x} - \mathfrak{t}$ vom "Mittelpunkt" M zum Randpunkt R der Kugeloberfläche und 1.2 bringt die Konstanz des Abstands zwischen M und R zum Ausdruck.

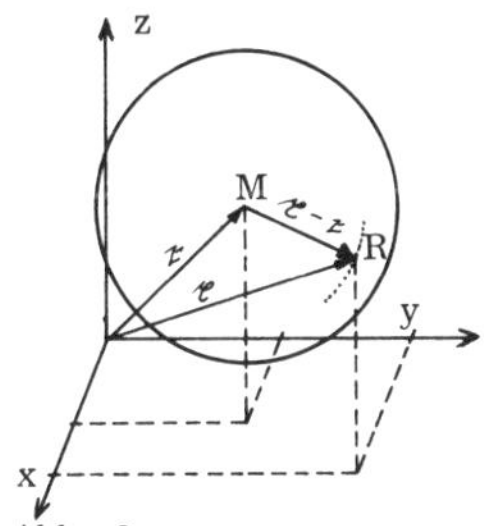

Abb. 2

Gegeben sei ein Kreis K, Radius r, sowie ein Punkt P (Abb. 3). Wir bestimmen die Gleichung der beiden Tangenten durch P an K sowie die Gleichung der durch die Berührpunkte verlaufenden Geraden, der sog. "Polare des Pols P bzgl. des Kreises K". 1.3 Definition Pol/Polare

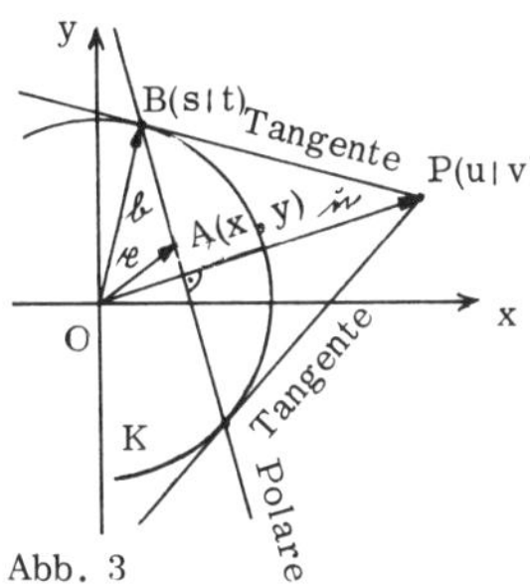

Abb. 3

Auswertung der Bedingungen $OP \perp AB$, $OB \perp PB$:

a) analytisch:

Steigung von OP, AB,

$$\underbrace{\frac{v}{u}}_{OP} \cdot \underbrace{\frac{t-y}{s-x}}_{AB} = -1,$$

$$\underbrace{\frac{t}{s}}_{OB} \cdot \underbrace{\frac{v-t}{u-s}}_{BP} = -1,$$

nach Umformung $ux + vy = su + tv$, $su + tv = s^2 + t^2 = r^2$.

b) vektoriell: $\mathfrak{u} \circ (\mathfrak{x} - \mathfrak{b}) = 0$, $\mathfrak{b} \circ (\mathfrak{u} - \mathfrak{b}) = 0$ bzw. $\mathfrak{u} \circ \mathfrak{x} = \mathfrak{u} \circ \mathfrak{b}$, $\mathfrak{u} \circ \mathfrak{b} = \mathfrak{b}^2 = r^2$.

Zusammengefaßt also 1.4 Polarengleichung für den Kreis in Ursprungslage

$$\boxed{ux + vy = r^2 \quad \text{bzw.} \quad \mathfrak{u} \circ \mathfrak{x} = r^2}$$

Für einen Kreis in beliebiger Lage, Mittelpunkt (c|d), ist jede x- bzw. y-Koordinate durch x-c bzw. y-d zu ersetzen:

1.5 Polaren- und Tangentengleichung des Kreises in allgem. Lage

$(u-c)\cdot(x-c)+(v-d)\cdot(y-d) = r^2$ bzw.

$(\mathfrak{u}-\mathfrak{m})\circ(\mathfrak{x}-\mathfrak{m}) = r^2$ mit $\mathfrak{u} = \begin{pmatrix} u \\ v \end{pmatrix}$ als Vektor zum Pol (Polarengleichung) bzw. Berührpunkt (Tangentengleichung) und $\mathfrak{m} = \begin{pmatrix} c \\ d \end{pmatrix}$ als Vektor zum Kreismittelpunkt.

Liegt speziell P auf dem Kreis (lassen Sie P von außerhalb radial auf den Kreismittelpunkt zuwandern; B kommt dabei P immer näher!), entartet die Polare zur Tangente; für P = B (d.h. $\mathfrak{b} = \mathfrak{u}$) ändert sich aber 1.5 nicht, so daß die gegebene Gleichung auch die Kreistangente beschreibt mit (u| v) als Berührpunkt.

Deuten wir wieder $\mathfrak{u}$, $\mathfrak{m}$, $\mathfrak{x}$ als Vektoren des $\mathbf{R}^3$, Abb. 3 als Schnitt durch eine Kugel K, so stellt

1.6 Polarebene und Tangentialebene der Kugel

$(\mathfrak{u}-\mathfrak{m})\circ(\mathfrak{x}-\mathfrak{m}) = r^2$, $\mathfrak{u}$ = Vektor zum Pol oder Berührpunkt P, $\mathfrak{m}$ = Vektor zum Mittelpunkt der Kugel

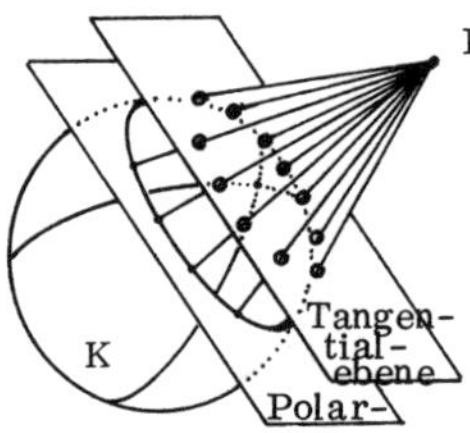

Abb. 4

einerseits auch die Gleichung der Polarebene (= Ebene durch alle Berührpunkte von Tangenten durch P an K ; Abb. 4) dar, andererseits für den Grenzfall "P auf K" (d.h. P = B) die Gleichung der Tangentialebene an K im Berührpunkt $\mathfrak{u}$.

1.7 Gleichung des Kegels

Wir ermitteln die Gleichung des Kegels: Der Vektor $\mathfrak{m}$ weise zur Spitze des Kegels (Abb. 5), der Einheitsvektor $\mathfrak{k}$ ($|\mathfrak{k}| = 1$) in Richtung der Kegelachse; sie schließe mit dem Kegelmantel den Winkel ω ein. Für einen beliebigen Punkt der Kegeloberfläche, $\mathfrak{x}$ sein Ortsvektor, gilt

$$(\mathfrak{x}-\mathfrak{m})\circ\mathfrak{k} = |\mathfrak{x}-\mathfrak{m}|\cdot\underbrace{|\mathfrak{k}|}_{=1}\cdot\cos\underbrace{\sphericalangle(\mathfrak{x}-\mathfrak{m},\mathfrak{k})}_{=\omega};$$

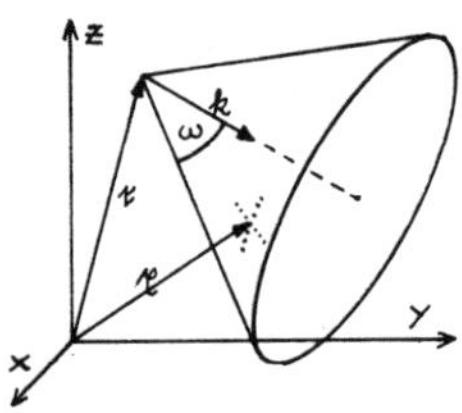

Abb. 5

Die Gleichung

$$(\mathfrak{x}-\mathfrak{m})\circ\mathfrak{k} = |\mathfrak{x}-\mathfrak{m}|\cdot c,\quad 0<|c|<1$$

beschreibt demnach einen Kegel, nach Quadrieren den zugehörigen Doppelkegel.

1.8 Allgemeine Kegelschnittgleichung

Die Menge der durch die Gleichung

$$Ax^2 + By^2 + Cx + Dy + Exy + F = 0$$

gegebenen Punkte $(x|y) \in \mathbb{R}^2$ wird als Kegelschnitt bezeichnet. In Kapitel 4.21 behandeln wir diese sog. allgemeine Kegelschnittgleichung mit Mitteln der Matrizenrechnung; hier begnügen wir uns mit dem Sonderfall $E = 0$ (das bedeutet: Achsen der Figur parallel zu den Koordinatenachsen, Figur nicht gedreht).

1.9 Kegelschnitttypen (Übersicht über 1.8)

Je nach Wahl der Koeffizienten $A, \ldots, F$ ergeben sich folgende Möglichkeiten

Fall	$A=B=0$	$A=B\neq 0$	$A\neq B, A\cdot B>0$	$A\neq B, A\cdot B=0$	$A\neq B, A\cdot B<0$
Die entstehende Figur heißt	Gerade	Kreis	Ellipse	Parabel	Hyperbel

1.10 Quadratische Ergänzung

Gleichung 1.8 wird nun in den einzelnen Fällen durch sog. quadratische Ergänzung umgeformt; es sei dies am Beispiel der Variablen x erläutert:

$$Ax^2 + Cx = A(x^2 + 2\cdot\frac{C}{2A}\cdot x) = A\cdot[x^2 + 2\cdot\left(\frac{C}{2A}\right)\cdot x + \left(\frac{C}{2A}\right)^2] - A\cdot\left(\frac{C}{2A}\right)^2$$

$$= A\cdot\left(x + \frac{C}{2A}\right)^2 - \frac{C^2}{4A}.$$

Wir diskutieren einzelne Fälle aus 1.9.

Kreis: $A = B \neq 0$ in 1.8 :

Durch quadratische Ergänzung (→1.10) bzgl. x und y wird aus 1.8

$$A\left(x + \frac{C}{2A}\right)^2 + A\cdot\left(y + \frac{C}{2A}\right)^2 = \frac{C^2}{4A} + \frac{D^2}{4A} - F\,;$$

mit den Bezeichnungen

$$c = -\frac{C}{2A},\quad d = -\frac{D}{2A},\quad r = \frac{1}{2\cdot|A|}\cdot{}_{+}\sqrt{C^2 + D^2 - 4AF}$$

ergibt sich hieraus die Kreisgleichung 1.1.

Ellipse $(A \cdot B > 0)$ und Hyperbel $(A \cdot B < 0)$: $A \neq B$, $A \cdot B \neq 0$ in 1.8:

Durch quadratische Ergänzung (Muster s. oben unter "Kreis") geht 1.8 über in

1.11 Gleichung von Ellipse u. Hyperbel (verschoben)

$$\frac{(x-c)^2}{a^2} \pm \frac{(y-d)^2}{b^2} = 1 \qquad *) \;;$$

dabei ist a die sog. großе, b die kleine Halbachse, $(c|d)$ der Mittelpunkt der Figur (Abb. 6 u. 7).

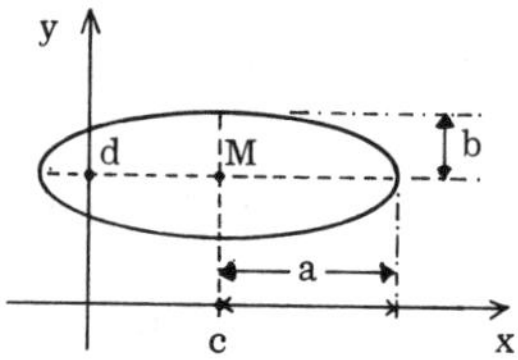

Abb.6 Ellipse

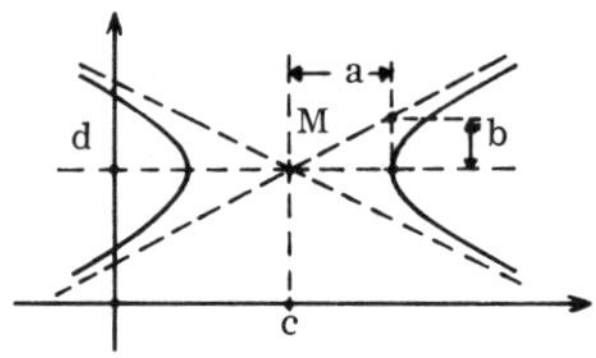

Abb. 7 Hyperbel

1.12 lineare Exzentrizität e

Die auf der großen Achse um $e = +\sqrt{a^2 \mp b^2}$ *) (sog. lineare Exzentrizität) von M entfernten Punkte F_1, F_2 (Abb. 8 u. 9) heißen Brennpunkte.

Hat der Kegelschnitt speziell die Lage in Abb. 8 oder 9 ($c = a$, $d = 0$ in 1.11), die sog. Scheitellage, läßt sich 1.11 sofort umformen zu

$$y^2 = \frac{2\,b^2}{a} \cdot x \mp \frac{b^2}{a^2} \cdot x^2 \qquad *) \;,$$

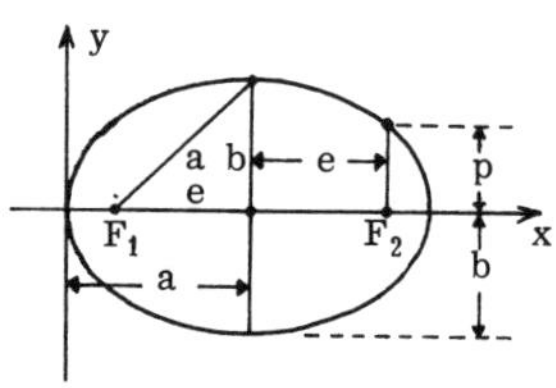

Abb. 8

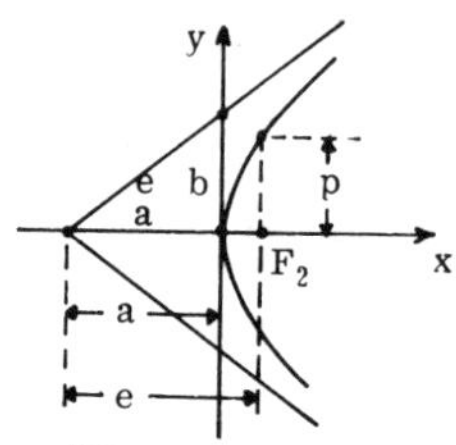

Abb. 9

1.13 Parameter p Exzentrizität ε

was mit den Bezeichnungen $p = \frac{b^2}{a}$ (sog. Parameter), $\varepsilon = \frac{e}{a}$ (sog. numerische Exzentrizität) übergeht in die Scheitelgleichung

*) oberes Vorzeichen für die Ellipse, unteres für die Hyperbel

$$y^2 = 2\,px - (1 - \varepsilon^2)\cdot x^2$$.

1.14 Scheitelgleichung der Kegelschnitte

Das Interesse an dieser Gleichung rührt daher, daß sie für $p \neq 0$, ähnlich 1.8, alle Kegelschnitte (außer der Geraden) liefert, nämlich die

Ellipse für $\varepsilon^2 < 1$, Parabel für $\varepsilon^2 = 1$, Hyperbel für $\varepsilon^2 > 1$.

1.15 Brennpunkteigenschaft der Kegelschnitte

Ausgehend von 1.11 kann man zeigen (Beweis leicht, aber langatmig), daß für jeden Kurvenpunkt im Fall der Ellipse die Summe, im Fall der Hyperbel die Differenz der Entfernungen von den Brennpunkten konstant (= 2a) ist.

Diese Eigenschaft verhilft zu einem einfachen Nachweis dessen, daß (etwa) die Ellipse tatsächlich als Schnitt eines Kegels aufgefaßt werden kann:
Die Ebene E schneide den Kegel K "schräg" (Abb. 10 u. 26). Sei P ein beliebiger Punkt des Schnittrandes, F_1, F_2 die Berührpunkte von E mit den in K eingepaßten Kugeln. Die Mantelgerade von der Spitze S durch P berühre die Kugeln in B_2, B_1. Die Strecken $\overline{PF_1}$ und $\overline{PB_1}$ (ebenso $\overline{PF_2}$, $\overline{PB_2}$) sind gleich lang, da beide, von P ausgehend, Tangentenstücke an dieselbe Kugel darstellen. Also ist

$$|\overline{PF_1}| + |\overline{PF_2}| = |\overline{PB_1}| + |\overline{PB_2}| = |\overline{B_1B_2}| = \text{const.}$$

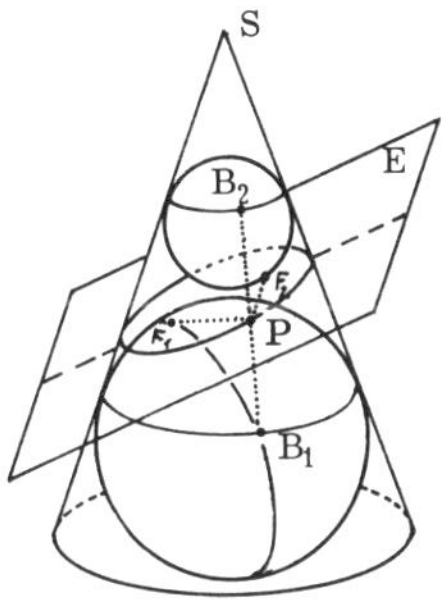

Abb. 10

In ähnlicher Weise läßt sich insgesamt zeigen:

1.16 Kegelschnitt als Schnitt eines Kegels

Die Ellipse (Parabel, Hyperbel) entsteht als Schnitt eines Kegels (Öffnungswinkel ω) mit einer Ebene, wenn letztere mit der Kegelachse einen Winkel > (=, <) ω einschließt (Abb. 11).

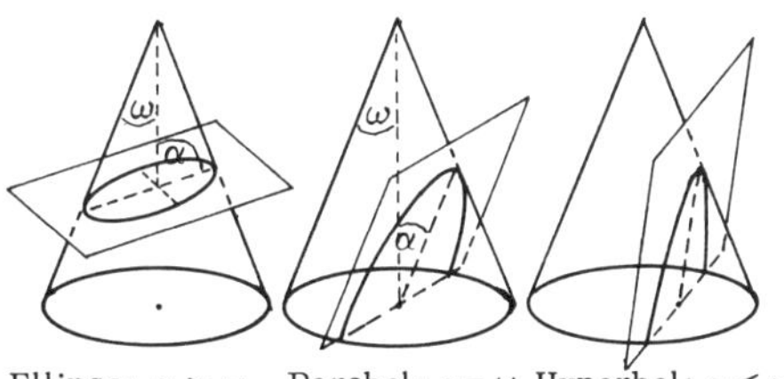

Ellipse: $\alpha > \omega$ Parabel: $\alpha = \omega$ Hyperbel: $\alpha < \omega$

Abb. 11

---

*) oberes Vorzeichen für die Ellipse, unteres für die Hyperbel

<u>Parabel: $A \neq B$, $A \cdot B = 0$ in 1.8</u>

Von den beiden Möglichkeiten $A = 0$, $B \neq 0$ und $A \neq 0$, $B = 0$ genügt es, den ersten **Fall** zu betrachten, der andere ergibt sich daraus durch Vertauschen von x und y (anschaulich: Spiegelung an $y = x$). Durch quadratische Ergänzung (→1.10) geht 1.8 über in die Form (Graph in Abb.12)

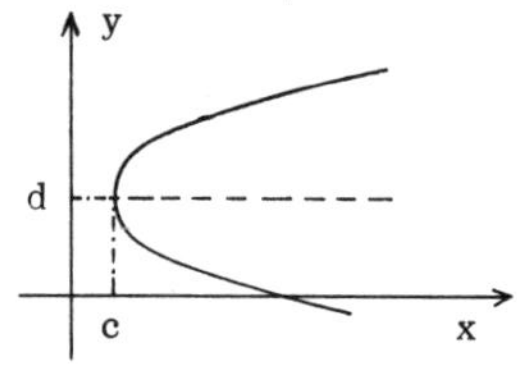

Abb. 12 Parabel

1.17 Parabelgleichung (Verschiebungsform)

$$(y - d)^2 = 2p(x - c) \quad .$$

Verschiebt man den Scheitel $(c|d)$ in den Nullpunkt (setze $c = d = 0$), wird hieraus $y^2 = 2px$, also tatsächlich die Gleichung 1.14 für $\varepsilon^2 = 1$ realisiert.

Bzgl. der Parabel als Schnitt durch einen Kegel vgl. 1.16.

Hinter 1.17 verbirgt sich eine charakteristische Eigenschaft:

1.18 Leitlinieneigenschaft der Parabel

Die "Parabel" ist die Gesamtheit aller Punkte, die von einer gegebenen Geraden (der <u>Leitlinie</u> l) und einem gegebenen Punkt (dem <u>Brennpunkt</u> F) stets denselben Abstand haben.

Nach Abb. 13 ist $r_1 = \frac{p}{2} + x$, $r_2 = \sqrt{(x - \frac{p}{2})^2 + y^2}$; die Forderung $r_1 = r_2$ führt nach Quadrieren und kurzer Vereinfachung sofort zu Gleichung 1.17. Eine 1.18 entsprechende Aussage läßt sich auch für Ellipse u. Hyperbel treffen.

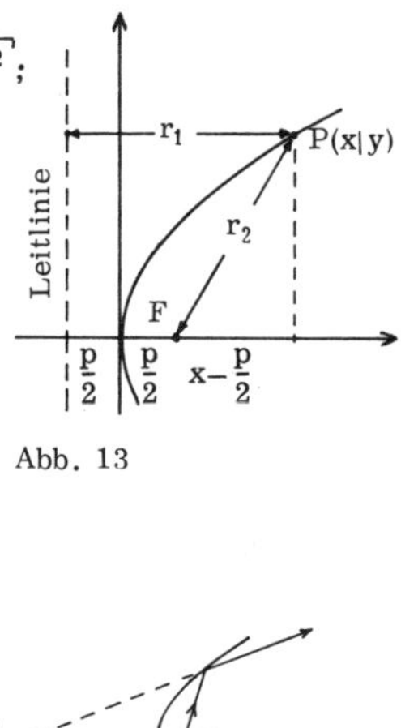

Abb. 13

1.19 Reflexionseigenschaft der Kegelschnitte

Wir merken an, daß in der geometrischen Optik die Brennpunkte der elliptischen, parabolischen und hyperbolischen Spiegel gerade die ihnen hier zugewiesene Bedeutung haben (Abb. 14).

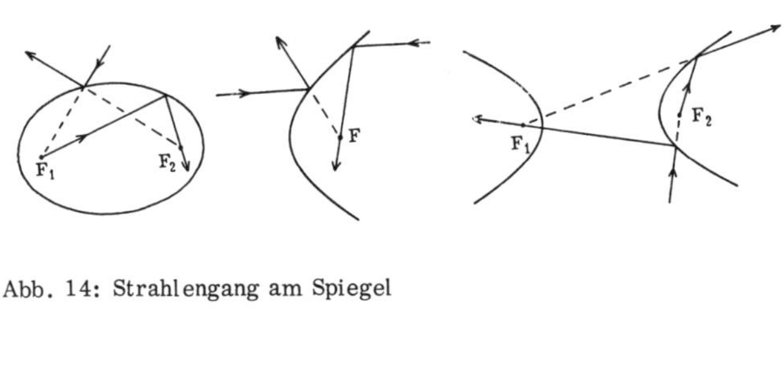

Abb. 14: Strahlengang am Spiegel

A 1 (Übung zu 1.1, 1.2)

a) Bestimmen Sie im $\mathbb{R}^2$ die Gleichung eines Kreises mit (Minimal-) Abstand 3 von der x-Achse, 2 von der y-Achse und Durchmesser $d = 8$. Liegt der Punkt $(8|10{,}5)$ innerhalb oder außerhalb des Kreises?

b) Welchen Radius, welchen Mittelpunkt hat der durch die Gleichung $x^2 + y^2 - 6x - 4y - 3 = 0$ gegebene Kreis?

c) Für welchen Kreis, der die y-Achse in 4 berührt, hat der Mittelpunkt vom Punkt $(6|2)$ den Abstand $2\sqrt{2}$?

d) Wie lautet die Gleichung des Kreises durch die Punkte $R(-2|6)$, $S(1|5)$ und $T(2|4)$?

e) Welchen (Minimal-) Abstand hat der Kreis $(x-20)^2 + (y+15)^2 = 36$ vom Ursprung und von der Geraden $y = -2x - 10$?

f) Wo schneiden sich die beiden Kreise $(x-12)^2 + (y+1)^2 = 17^2$, $(x+1)^2 + (y-2)^2 = 13^2$?

g) In welchen Punkten durchstößt die Gerade

$$g:\quad \mathfrak{x} = \begin{pmatrix} 1 \\ -5 \\ -8 \end{pmatrix} + \lambda \begin{pmatrix} 0 \\ 1 \\ 3 \end{pmatrix} \quad \text{die Kugel K:} \quad \left[\mathfrak{x} - \begin{pmatrix} 5 \\ 2 \\ 3 \end{pmatrix}\right]^2 = 36\ ?$$

Wie lang ist das durch die Kugel herausgeschnittene Geradenstück?

h) Welchen Radius hat der durch die Ebene

$$E:\quad \mathfrak{x} \circ \begin{pmatrix} -1 \\ 3 \\ 1 \end{pmatrix} = 13 \quad \text{aus der Kugel} \qquad K:\quad \left[\mathfrak{x} - \begin{pmatrix} 1 \\ 3 \\ 2 \end{pmatrix}\right]^2 = \frac{64}{11}$$

herausgeschnittene Kreis?

A 2 (Übung zu 1.3 - 1.7)

a) Bestimmen Sie mit Mitteln der analytischen Geometrie die Ableitung der Funktion $y = +\sqrt{169 - x^2}$ an der Stelle $x_0 = 5$. Wo schneidet die zugehörige Tangente die x- bzw. y-Achse?

b) Bestimmen Sie die Polare des Pols $(3|6)$ bzgl. des Kreises $x^2 + y^2 = 36$. Wo durchstößt sie den Kreis?

c) In den Punkten, in denen die Gerade g: $y = -14{,}5x + 117$ den Kreis K: $(x+4)^2 + (y-6)^2 = 26^2$ schneidet, legen wir Tangenten an K. Wo treffen sie zusammen?

d) Unter welchem Winkel schneiden sich die beiden Kreise

$$\left|\mathfrak{x} - \begin{pmatrix} 12 \\ -1 \end{pmatrix}\right| = 17, \qquad \left|\mathfrak{x} - \begin{pmatrix} -1 \\ 2 \end{pmatrix}\right| = 13\ ?$$

Wie ist der Radius r des ersten Kreises abzuändern, damit sich die Kreise rechtwinklig schneiden?

e) Gegeben seien die beiden Kugeln

$$K_1: \left[\mathfrak{x} - \begin{pmatrix} 0 \\ 3 \\ 2 \end{pmatrix}\right]^2 = 4\,, \qquad K_2: \left[\mathfrak{x} + \begin{pmatrix} 0 \\ 8 \\ 4 \end{pmatrix}\right]^2 = 16$$

mit der x-y-Ebene als gemeinsamer Tangentialebene. Bestimmen Sie einen Punkt S, der Pol ist bzgl. beider Kugeln. Wo schneidet der Tangentialkegel die y-Achse?

f) Gegeben sei die Kugel K: $\left[\mathfrak{x} - \begin{pmatrix} -4 \\ -2 \\ 13 \end{pmatrix}\right]^2 = 26^2$, der Punkt $P_0\,(4|-8|-11)$ auf K sowie die Tangentialebene TE an K in P_0. Die Polarebene eines beliebigen Pols $P \in TE$ (!) bzgl. K schneidet die Kugel in einem Kreis mit Mittelpunkt M(P). Wo liegen alle diese Punkte M(P), wenn P ganz TE durchläuft?

A 3 (Übung zu 1.8 - 1.17)

a) Welcher Kegelschnitt wird durch die folgende Gleichung dargestellt? Bringen Sie durch quadratische Ergänzung ($\rightarrow$ 1.10) auf Normalform!

$$\text{I:}\quad x^2 + 4x - 4y^2 + 8y - 4 = 0$$
$$\text{II:}\quad 9x^2 - 18x + 9 + 16y^2 - 96y - 0$$
$$\text{III:}\quad -4x + y^2 - 2y + 9 = 0$$

b) Wie lautet die Gleichung einer Ellipse E der Form 1.11, die die x-Achse in 5 berührt (!), die y-Achse in $\frac{2}{13}$ schneidet und die numerische Exzentrizität ($\rightarrow$ 1.13) $\varepsilon = \frac{\sqrt{165}}{13}$ besitzt?

c) Wie lautet die Gleichung einer Hyperbel, die durch den Ursprung verläuft, dort die Steigung $\frac{13}{30}$ aufweist und deren eine Asymptote die Gleichung $y = 0{,}4 \cdot (x+1)$ hat?

A 4 (Übung zu 1.17 - 1.19)

Der parabolische Reflektor des Radioteleskops in Effelsberg/Eifel hat eine Brennweite von ca. 30 m und einen Durchmesser von 100 m.

a) Um wieviel hat sich der Spiegel (unter Beibehaltung der Paraboloid-Gestalt) in 50 m Entfernung von der Achse verformt (Schwerkraft-, Windkraft-, Wärmeeinfluß), wenn der Brennpunkt um 15 cm vom Spiegel wegrückt?

b) Beweisen Sie, daß unter $22{,}6^0$ ($\tan = \frac{5}{12}$) zur Achse (allgemein: schräg) einfallende Parallelstrahlen sich nach der Reflexion nicht wieder in einem Punkt treffen.

A 5 (Übung zu 1.1 - 1.19)

Sei E die Ellipse $\frac{x^2}{169} + \frac{y^2}{25} = 1$ und es befinde sich $P \in E$ "über" dem Brennpunkt F_2 (Abb. 8 und 30). Tangente und Normale in P schneiden die y-Achse in zwei Punkten T und N.

a) Zeigen Sie, daß F_1, T, P, F_2, N auf einem Kreis liegen (dies gilt sogar für beliebiges E und $P \in E$!)

b) Folgern Sie hieraus elementargeometrisch, daß ein von F_1 nach P ausgehender Lichtstrahl an E so reflektiert wird, daß er durch F_2 verläuft (Abb. 14).

A 6 (Übung zu 1.11 - 1.14)

Auf den Radachsen zweier einander berührender Reibräder (Radienverhältnis 2:1) ist je eine Gabel befestigt (Abb. 15); diese Gabeln führen in der gemeinsamen Aussparung einen Schreibstift. Welche Kurve wird bei Bewegung der Räder aufgezeichnet (Nullstellung: Gabeln gegeneinander gerichtet)?

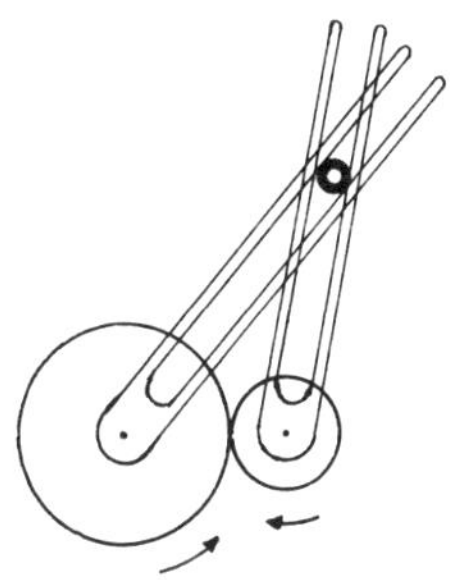

Abb. 15

A 7 (Übung zu 1.8)

Um welchen Kegelschnitt handelt es sich bei

$$36x^2 + 29y^2 + 24xy - 168x - 76y + 20 = 0 \quad ?$$

Beschreiben Sie seine Lage!

2. Vektorräume

Die Untersuchung von teilweise sehr unterschiedlichen mathematischen Objekten leitet nicht selten zu auffallenden operativen Analogien. Dies beruht auf den diesen Objektbereichen zugrunde liegenden "strukturellen" Gemeinsamkeiten. So haben beispielsweise die folgenden Mengen, zusammen mit den auf ihnen definierten "Operationen" einer Addition sowie einer Skalarmultiplikation (man spricht dann von "<u>Räumen</u>"), eine Reihe von gemeinsamen Eigenschaften:

2.1 Vektorraummodelle

1. die Zahlengerade $\mathbb{R}$, die Ebene $\mathbb{R}^2$ und der Raum $\mathbb{R}^3$ mit ihren Vektoren (allgemein: der $\mathbb{R}^n$)
2. die Menge P_n der Polynome (= ganzrationale Funktionen) vom Grad $\leqq n$ $(n \in \mathbb{N})$
3. die komplexen Zahlen
4. die Lösungsgesamtheit eines homogenen Gleichungssystems (→ 5.5)
5. die m x n-Matrizen $M_{m,n}$ $(m, n \in \mathbb{N})$
6. die Menge aller Polynome (von beliebigem Grad)
7. die Menge der Nullfolgen / der konvergenten Folgen / der beschränkten Folgen / aller Zahlenfolgen
8. die beschränkten / integrierbaren / stetigen / differenzierbaren Funktionen auf einem Intervall (a, b).

Bezeichnen wir die Elemente der einzelnen Mengen in 2.1 mit $\mathfrak{a}, \mathfrak{b}, \mathfrak{c}, \mathfrak{x}, \ldots$, so läßt sich in allen obigen Fällen nachweisen:

2.2 Vektorraumaxiome

Mit $\mathfrak{a}$ und $\mathfrak{b}$ ist stets auch $\mathfrak{a} + \mathfrak{b}$ wieder Element des "Raumes",
$\mathfrak{a} + \mathfrak{b} = \mathfrak{b} + \mathfrak{a}$ (Kommutativität),
$(\mathfrak{a} + \mathfrak{b}) + \mathfrak{c} = \mathfrak{a} + (\mathfrak{b} + \mathfrak{c})$ (Assoziativität),
Die Gleichung $\mathfrak{a} = \mathfrak{x} + \mathfrak{b}$ hat für gegebenes $\mathfrak{a}, \mathfrak{b}$ genau eine Lösung $\mathfrak{x}$ (Schreibweise: $\mathfrak{x} = \mathfrak{a} - \mathfrak{b}$)
} Gesetze der Addition

Für jedes λ, $\mu \in \mathbb{R}$ ist mit $\mathfrak{a}$ auch $\lambda \cdot \mathfrak{a}$ ein Element des "Raumes",
$1 \cdot \mathfrak{a} = \mathfrak{a}$, $\lambda \cdot \mathfrak{a} = \mathfrak{a} \cdot \lambda$,
$\lambda \cdot (\mathfrak{a} + \mathfrak{b}) = \lambda \cdot \mathfrak{a} + \lambda \cdot \mathfrak{b}$, $(\lambda + \mu) \cdot \mathfrak{a} = \lambda \cdot \mathfrak{a} + \mu \cdot \mathfrak{a}$ (Distributivität),
$\lambda \cdot (\mu \cdot \mathfrak{a}) = (\lambda \cdot \mu) \cdot \mathfrak{a}$ (Assoziativität)
} Gesetze der (Skalar-) Multiplikation

2.3 Def. des Vektorraums

Wir erklären: Jede Menge V, die bzgl. einer auf ihr definierten Addition sowie einer Skalarmultiplikation die Bedingungen aus 2.2 erfüllt, nennt man <u>Vektorraum</u> (über $\mathbb{R}$), ihre Elemente (meist) <u>Vektoren.</u>

2.4 Unterraum Teilraum

Eine Teilmenge U eines Vektorraums V heißt <u>Unterraum</u> (= <u>Teilraum</u>) von V, falls U im Sinne von 2.3 selbst ein Vektorraum ist.
Beispiele für Unterräume des $\mathbb{R}^3$ sind Geraden und Ebenen, die durch den Ursprung verlaufen. Eine einfache Überprüfung dieses Sachverhalts gestattet das

2.5 Unterraumkriterium

<u>Unterraum-Kriterium:</u> Sei U eine Teilmenge des Vektorraums V. Sind mit $\mathfrak{a}, \mathfrak{b} \in U$, $\lambda \in \mathbb{R}$ stets auch $\mathfrak{a} - \mathfrak{b}$ und $\lambda \cdot \mathfrak{a}$ wieder $\in U$, so ist U Unterraum von V (erfüllt also alle Bedingungen aus 2.2).

2.6 Linearkombination, lineare Hülle

Sind $\mathfrak{e}_1, \mathfrak{e}_2, \ldots, \mathfrak{e}_n \in V$, so bezeichnet man jeden Vektor der Gestalt $\lambda_1 \mathfrak{e}_1 + \lambda_2 \mathfrak{e}_2 + \ldots + \lambda_n \mathfrak{e}_n$ als <u>Linearkombination</u> der $\mathfrak{e}_1, \mathfrak{e}_2, \ldots, \mathfrak{e}_n$. Die Menge aller Linearkombinationen von endlich vielen, fest gegebenen Vektoren aus V stellt stets einen Unterraum U von V dar; man sagt, U werde von $\mathfrak{e}_1, \mathfrak{e}_2, \ldots, \mathfrak{e}_n$ "aufgespannt" und nennt U die <u>lineare Hülle</u> der $\mathfrak{e}_i$.

2.7 lineare (Un-) Abhängigkeit - Definition

Je endlich viele Vektoren $\mathfrak{e}_1, \mathfrak{e}_2, \ldots, \mathfrak{e}_n \in V$ heißen <u>linear unabhängig</u>, wenn sich <u>keiner</u> von ihnen als Linearkombination (→ 2.6) der übrigen darstellen läßt; andernfalls nennt man sie <u>linear abhängig</u>.
Ist $\lambda_1 \mathfrak{e}_1 + \lambda_2 \mathfrak{e}_2 + \ldots + \lambda_n \mathfrak{e}_n = \mathfrak{o}$ *) und etwa $\lambda_1 \neq 0$, so gilt

$$\mathfrak{e}_1 = \left(-\frac{\lambda_2}{\lambda_1}\right) \mathfrak{e}_2 + \left(-\frac{\lambda_3}{\lambda_1}\right) \mathfrak{e}_3 + \ldots + \left(-\frac{\lambda_n}{\lambda_1}\right) \mathfrak{e}_n \text{, d.h.:}$$

$\mathfrak{e}_1$ ist durch die übrigen Vektoren ausdrückbar, folglich $\mathfrak{e}_1, \mathfrak{e}_2, \ldots, \mathfrak{e}_n$ linear abhängig. Allgemeiner:

2.8 lineare (Un-) Abhängigkeit - Kriterium

> Die Vektoren $\mathfrak{e}_1, \mathfrak{e}_2, \ldots, \mathfrak{e}_n \in V$ sind genau dann linear unabhängig, wenn aus $\lambda_1 \mathfrak{e}_1 + \lambda_2 \mathfrak{e}_2 + \ldots + \lambda_n \mathfrak{e}_n = \mathfrak{o}$ stets folgt, daß $\lambda_1 = \lambda_2 = \ldots = \lambda_n = 0$ ist.

So sind zwei (drei) Vektoren des $\mathbf{R}^3$ genau dann linear abhängig, wenn sie auf (in) einer Geraden (Ebene) liegen.

2.9 Basis

Jede Zusammenstellung von linear unabhängigen, den ganzen Raum V aufspannenden Vektoren nennt man <u>Basis</u> (oder <u>Erzeugendensystem</u>) des Vektorraums.

Die Vektoren $\begin{pmatrix}1\\0\\0\end{pmatrix}, \begin{pmatrix}0\\1\\0\end{pmatrix}, \begin{pmatrix}0\\0\\1\end{pmatrix} \in \mathbf{R}^3$ stellen eine (und zwar die gebräuchlichste)Basis des Vektorraums $\mathbf{R}^3$ dar, weil sie 1. linear unabhängig sind und 2. jeder Vektor des $\mathbf{R}^3$ als Linearkombination (→ 2.6) dieser drei geschrieben werden kann:

$$\begin{pmatrix}a\\b\\c\end{pmatrix} = a \cdot \begin{pmatrix}1\\0\\0\end{pmatrix} + b \cdot \begin{pmatrix}0\\1\\0\end{pmatrix} + c \begin{pmatrix}0\\0\\1\end{pmatrix}.$$

2.10 Dimension

Ein Vektorraum besitzt stets unendlich viele mögliche Basen; allen gemeinsam ist die Anzahl der Basisvektoren - man nennt sie die <u>Dimension</u> (dim V) des Vektorraums V und unterscheidet <u>endlichdimensionale</u> (Beispiele 2.1, 1.-5.) von <u>unendlichdimensionalen</u> (Beispiele 2.1, 6.-8.) <u>Räumen.</u>

---

*) Der <u>Nullvektor</u> $\mathfrak{o}$ ist die nach 2.2 eindeutig bestimmte, gemeinsame Lösung $\mathfrak{e}$ aller Gleichungen der Gestalt $\mathfrak{x} = \mathfrak{e} + \mathfrak{x}$

In einem Vektorraum der Dimension n ist demnach jede Zusammenstellung von mehr als n Vektoren linear abhängig!
Beispiel: Von je drei Vektoren des $\mathbb{R}^2$ läßt sich stets (mindestens) einer als Linearkombination der beiden anderen darstellen (Abb. 16).

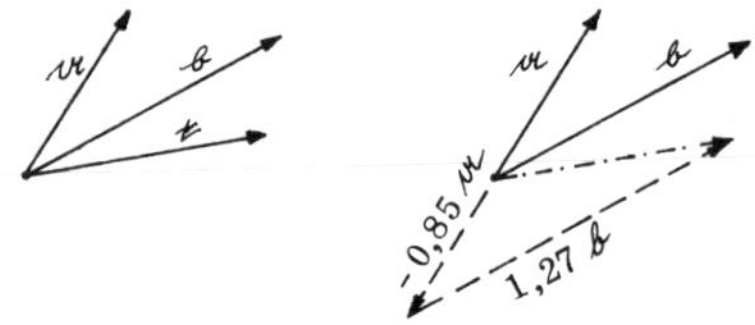

Abb. 16 $\mathfrak{x} = -0{,}85\,\mathfrak{a} + 1{,}27\,\mathfrak{b}$

Wie eingangs betont, sind nicht selten Objektbereiche "ähnlichgestaltig", vielleicht gar das Rechnen im einen völlig analog zum Rechnen im anderen.

Besitzen zwei Vektorräume V, W diese Eigenschaft, nennen wir sie "isomorph" (= gleichgestaltig). Präzise:

2.11 Isomorphie

Zwei Vektorräume V, W heißen <u>isomorph</u>, falls ihre sämtlichen Elemente sich einander wechselseitig (eindeutig umkehrbar) so zuordnen lassen

$$V \ni \mathfrak{a} \quad \longleftrightarrow \quad \mathfrak{a}' \in W \ , \quad V \ni \mathfrak{b} \quad \longleftrightarrow \quad \mathfrak{b}' \in W \ , \ \ldots ,$$

daß auch die Ergebnisse der Addition sowie der Skalarmultiplikation einander hierdurch zugeordnet bleiben (homomorphe Zuordnung; → 3.1, 3.5), d.h. $\mathfrak{a} + \mathfrak{b} \quad \longleftrightarrow \quad \mathfrak{a}' + \mathfrak{b}' , \qquad \lambda\mathfrak{a} \quad \longleftrightarrow \quad \lambda\mathfrak{a}'$.

Die dabei herangezogene Abbildung nennt man <u>Isomorphismus</u>. Zu ihrer Festlegung genügt es übrigens, die Elemente zweier Basen einander zuzuordnen.
Beispiel: Dem Polynom $f(x) = a + bx + cx^2$ aus P_2 (→ A 2.1) gebe man den Vektor $\mathfrak{a} = \begin{pmatrix} a \\ b \\ c \end{pmatrix} \in \mathbb{R}^3$ an die Seite. Diese Zuordnung stellt einen Isomorphismus dar zwischen P_2 und $\mathbb{R}^3$ (→ A 12, a)).
Allgemeiner läßt sich zeigen

2.12 Isomorphie zu $\mathbb{R}^n$

Genau die n-dimensionalen Vektorräume (über $\mathbb{R}$) sind isomorph zu $\mathbb{R}^n$

Insbesondere sind danach alle n-dimensionalen Vektorräume auch untereinander isomorph.

Bisher sind Begriffe wie "Länge eines Vektors" oder "Winkel zwischen Vektoren" nicht aufgetreten. Zu ihnen gelangt man durch Einführung des allgemeinen "Skalarprodukts". Es ist dem "natürlichen" Skalarprodukt

$$\mathfrak{a} \circ \mathfrak{b} = a_1 b_1 + a_2 b_2 \quad \text{der Vektoren } \mathfrak{a} = \begin{pmatrix} a_1 \\ a_2 \end{pmatrix} , \ \mathfrak{b} = \begin{pmatrix} b_1 \\ b_2 \end{pmatrix} \in \mathbb{R}^2$$

nachgebildet.

2.13 Skalarprodukt

Sei V ein Vektorraum und je zwei Vektoren $\mathfrak{a}, \mathfrak{b} \in V$ eindeutig eine Zahl $\mathfrak{a} \circ \mathfrak{b} \in \mathbb{R}$ zugeordnet. Die Zuordnung nennen wir Skalarprodukt, falls für beliebige $\mathfrak{a}, \mathfrak{b}, \mathfrak{c} \in V$ gilt

1. $\mathfrak{a} \circ \mathfrak{b} = \mathfrak{b} \circ \mathfrak{a}$	3. $(\lambda\mathfrak{a}) \circ \mathfrak{b} = \lambda(\mathfrak{a} \circ \mathfrak{b})$
2. $\mathfrak{a} \circ (\mathfrak{b} + \mathfrak{c}) = \mathfrak{a} \circ \mathfrak{b} + \mathfrak{a} \circ \mathfrak{c}$	4. $\mathfrak{a} \neq \mathfrak{o} \Longrightarrow \mathfrak{a} \circ \mathfrak{a} \; (=\mathfrak{a}^2) > 0$

2.14 Euklidischer Raum

Jeden mit einem Skalarprodukt versehenen Vektorraum bezeichnet man als Euklidischen Raum. Zwei Beispiele:

1. $\mathbb{R}^n$: $\mathfrak{a} \circ \mathfrak{b} = a_1b_1 + a_2b_2 + \ldots + a_nb_n$, wobei $\mathfrak{a} = \begin{pmatrix} a_1 \\ a_2 \\ \vdots \\ a_n \end{pmatrix}, \; \mathfrak{b} = \begin{pmatrix} b_1 \\ b_2 \\ \vdots \\ b_n \end{pmatrix} \in \mathbb{R}^n$.

2. $C[a,b]$ (= Menge der stetigen Funktionen auf dem Intervall $[a,b]$) :

$$f \circ g = \int_a^b f(x) \cdot g(x)\,dx \quad \text{für} \quad f, g \in C[a,b].$$

2.15 Länge, Betrag, Norm

Unter der Länge (= Betrag, Norm) des Vektors $\mathfrak{a} \in V$ verstehen wir die Zahl $|\mathfrak{a}| = +\sqrt{\mathfrak{a} \circ \mathfrak{a}}$. Ist $|\mathfrak{a}| = 1$, nennt man $\mathfrak{a}$ normiert
($\frac{\mathfrak{a}}{|\mathfrak{a}|}$ ist stets normiert!)

Beispiel: Es ist $\mathfrak{a} = \begin{pmatrix} 2 \\ -3 \\ -1 \end{pmatrix} \in \mathbb{R}^3$ und $|\mathfrak{a}| = +\sqrt{2^2 + (-3)^2 + (-1)^2} = +\sqrt{14}$.

2.16 Winkel

Unter dem von $\mathfrak{a}$ und $\mathfrak{b} \in V$ (beide $\neq \mathfrak{o}$) eingeschlossenen Winkel verstehen wir die durch

$$\cos\alpha = \frac{\mathfrak{a} \circ \mathfrak{b}}{|\mathfrak{a}| \cdot |\mathfrak{b}|}, \quad 0 \leq \alpha \leq 180^0$$

definierte Größe α. Insbesondere für $\alpha = 90^0$ ergibt sich:

2.17 Orthogonalität

$\mathfrak{a}$ senkrecht (= orthogonal) zu $\mathfrak{b}$ $(\mathfrak{a} \perp \mathfrak{b}) \Longleftrightarrow \mathfrak{a} \circ \mathfrak{b} = 0$

2.18 OGS/ONS

Sind alle Vektoren der Menge $M = \{\mathfrak{a}_1, \mathfrak{a}_2, \ldots, \mathfrak{a}_k\}$ zueinander orthogonal, so spricht man von einem Orthogonalsystem (OGS), ist darüberhinaus $|\mathfrak{a}_1| = |\mathfrak{a}_2| = \ldots = |\mathfrak{a}_k| = 1$, alle $\mathfrak{a}_i$ also normiert, so sagt man, M sei orthonormiert oder M bilde ein Orthonormalsystem (ONS).
Entsprechend: Orthogonalbasis, Orthonormalbasis.

Beispiel: Die Einheitsvektoren $\mathfrak{e}_1 = \begin{pmatrix} 1 \\ 0 \\ 0 \end{pmatrix}, \mathfrak{e}_2 = \begin{pmatrix} 0 \\ 1 \\ 0 \end{pmatrix}, \mathfrak{e}_3 = \begin{pmatrix} 0 \\ 0 \\ 1 \end{pmatrix}$

des $\mathbb{R}^3$ bilden ein ONS, sogar eine Orthonormalbasis (→ 2.9) .

Die Vektoren eines Orthogonal (-normal)-systems sind linear unabhängig!
(aus $\lambda_1\mathfrak{a}_1 + \ldots + \lambda_k\mathfrak{a}_k = \mathfrak{o}$ folgt durch Multiplikation mit $\mathfrak{a}_i$: $\lambda_i = 0$).

2.19 Schmidtsches Orthonormierungsverfahren

Sei $\{\mathfrak{a}_1, \mathfrak{a}_2, \ldots, \mathfrak{a}_k\}$ ein Orthonormalsystem im Vektorraum V, ferner $\mathfrak{b} \in V$ linear unabhängig von den $\mathfrak{a}_i$. Im allgemeinen ist $M = \{\mathfrak{a}_1, \mathfrak{a}_2, \ldots, \mathfrak{a}_k, \mathfrak{b}\}$ kein Orthonormalsystem mehr. Das sogenannte Schmidtsche Orthonormierungsverfahren liefert uns aber einen entsprechenden Ersatz $\mathfrak{a}_{k+1}$ für $\mathfrak{b}$, so daß das Orthonormalsystem (!) $\{\mathfrak{a}_1, \mathfrak{a}_2, \ldots, \mathfrak{a}_k, \mathfrak{a}_{k+1}\}$ denselben Unterraum aufspannt wie M: Der Vektor

$$\mathfrak{c} = \mathfrak{b} - [(\mathfrak{a}_1 \circ \mathfrak{b}) \cdot \mathfrak{a}_1 + (\mathfrak{a}_2 \circ \mathfrak{b}) \cdot \mathfrak{a}_2 + \ldots + (\mathfrak{a}_k \circ \mathfrak{b}) \cdot \mathfrak{a}_k]$$

steht senkrecht auf allen $\mathfrak{a}_1, \mathfrak{a}_2, \ldots, \mathfrak{a}_k$ (multiplizieren Sie beide Seiten mit $\mathfrak{a}_i$!) und ist eine Linearkombination der Vektoren aus M . Also ist

$$\mathfrak{a}_{k+1} = \frac{\mathfrak{c}}{|\mathfrak{c}|}$$

eine geeignete Lösung.

A 8 (Übung zu 2.2)

Sei V ein Vektorraum und $\mathfrak{a}, \mathfrak{b}, \mathfrak{x} \in V$. Drücken Sie den Vektor $\mathfrak{x}$ jeweils durch $\mathfrak{a}$ und $\mathfrak{b}$ aus.

a) $\mathfrak{a} + (\mathfrak{x} - \mathfrak{a}) = 2\mathfrak{x} - \mathfrak{a}$
b) $\mathfrak{a} + 2\mathfrak{b} - \mathfrak{x} = 2\mathfrak{x} + 3(\mathfrak{x} - \mathfrak{b}) - (\mathfrak{b} - \mathfrak{x})$
c) $\mathfrak{a} \cdot (\lambda - 15) + 3\mathfrak{x} = 6 \cdot (3\mathfrak{x}) - \lambda\mathfrak{x}$ für $\lambda \in \mathbb{R}$
d) $\mathfrak{x} = 0{,}5 \cdot (\mathfrak{a} + \mathfrak{b})$ und $\mathfrak{a} + 2\mathfrak{x} = \mathfrak{b}$

A 9 (Übung zu 2.7, 2.8)

Überprüfen Sie die folgenden Vektormengen des $\mathbb{R}^3$ auf lineare (Un-)Abhängigkeit:

a) $\begin{pmatrix}1\\2\\3\end{pmatrix}, \begin{pmatrix}6\\1\\-1\end{pmatrix}, \begin{pmatrix}18\\8\\-2\end{pmatrix}, \begin{pmatrix}2\\-1\\5\end{pmatrix}$ b) $\begin{pmatrix}1\\2\\3\end{pmatrix}, \begin{pmatrix}2\\-1\\5\end{pmatrix}, \begin{pmatrix}6\\1\\-1\end{pmatrix}$

c) $\begin{pmatrix}-2\\0\\3\end{pmatrix}, \begin{pmatrix}5\\-1\\2\end{pmatrix}, \begin{pmatrix}-11\\1\\7\end{pmatrix}$ d) $\begin{pmatrix}3\\0\\2\end{pmatrix}, \begin{pmatrix}-5\\0\\1\end{pmatrix}, \begin{pmatrix}0\\0\\0\end{pmatrix}$

e) $\mathfrak{a} + 3\mathfrak{b}$, $\mathfrak{b} + 2\mathfrak{c}$, $\mathfrak{c}$, wobei $\mathfrak{a}$, $\mathfrak{b}$, $\mathfrak{c}$ linear unabhängig sein sollen.

A 10 (Übung zu 2.2, 2.3)

Weisen Sie die Vektorraumstruktur folgender Objekte nach

a) Die $m \times n$-Matrizen $M_{m,n}$ mit der in 3.14 definierten Addition und Skalarmultiplikation (vgl. auch 3.13).

b) Die Menge ω aller reellen Zahlenfolgen, wobei für $(a_k) = (a_1, a_2, a_3, \ldots)$, $(b_k) = (b_1, b_2, b_3, \ldots) \in \omega$ gelten soll:
$(a_k) + (b_k) = (a_1 + b_1, a_2 + b_2, \ldots) = (a_k + b_k)$, $\lambda \cdot (a_k) = (\lambda a_1, \lambda a_2, \ldots) = (\lambda a_k)$.

c) Die auf ganz $\mathbb{R}$ stetigen Funktionen $C(\mathbb{R})$, wobei für $f, g \in C(\mathbb{R})$, $\lambda \in \mathbb{R}$ die Summenfunktion $f + g$ und das Produkt $\lambda \cdot f$ wie folgt erklärt sind:

$$(f + g)(x) = f(x) + g(x), \quad (\lambda \cdot f)(x) = \lambda \cdot f(x),$$

in anderer Schreibweise

$$f + g : x \longrightarrow f(x) + g(x), \quad \lambda \cdot f : x \longrightarrow \lambda \cdot f(x).$$

A 11 (Übung zu 2.4, 2.5)

Sei V der im folgenden jeweils angegebene Vektorraum und U eine Teilmenge von V. Entscheiden Sie, ob U Unterraum von V ist (falls "ja", ist U selbst ein Vektorraum!)

a) $V = \mathbb{R}^2$, $U = \left\{ \mathfrak{x} = \begin{pmatrix}x_1\\x_2\end{pmatrix} \in \mathbb{R}^2 \mid x_1 \in \mathbb{Z} \right\}$

b) $V = \mathbb{R}^3$, $U = \{ \mathfrak{x} \in \mathbb{R}^3 \mid x_1 = c \}$ für ein festes $c \in \mathbb{R}$.

c) $V = \mathbb{R}^5$, $U = \{ \mathfrak{x} \in \mathbb{R}^5 \mid 2x_1 + 3x_5 = 0 \}$

d) $V = \mathbb{R}^n$, U = Menge aller Eigenvektoren zu festem Eigenwert einer gegebenen $n \times n$-Matrix $\mathfrak{A}$ (→ 3.24).

e) $V = \mathbb{R}^n$, U = Lösungsmenge $\mathbb{L}$ des linearen Gleichungssystems $\mathfrak{A}\mathfrak{x} = \mathfrak{y}$ bei gegebener $n \times n$-Matrix $\mathfrak{A}$ und Vektor $\mathfrak{y} \in \mathbb{R}^n$ (→ 5.3 - 5.5)

f) $V = C(\mathbb{R})$ (= Vektorraum der auf $\mathbb{R}$ stetigen Funktionen; → A 10c)), $U = P_n$ (= Menge der Polynome vom Grad $\leq n$ (→ 2.1.2)).

g) $V = P_n$ (s. Teilaufg. f)) , $U = \{p \in P_n \mid p(x_0) = c\}$ für feste Zahlen $x_0, c \in \mathbb{R}$.

h) $V = C(\mathbb{R})$, U = Menge aller Funktionen der Gestalt $x \to a \cdot \sin(cx+b)$ für $a, b \in \mathbb{R}$.

i) $V = C(\mathbb{R})$, $U = C^1(\mathbb{R})$ (= Menge der auf ganz $\mathbb{R}$ stetig differenzierbaren Funktionen; stetig differenzierbar = differenzierbar mit stetiger Ableitung).

A 12 (Übung zu 2.10 - 2.12)

Beweisen Sie die Isomorphie der folgenden Vektorraumpaare und beurteilen Sie danach die zugehörigen Dimensionen.

a) Der Vektorraum der Polynome vom Grad $\leq n$ (→ 2.1, A 11 f)) und der $\mathbb{R}^{n+1}$.

b) $D_{2,2} = \left\{ \begin{pmatrix} a & -b \\ b & a \end{pmatrix} \in M_{2,2} \mid a, b \in \mathbb{R} \right\}$ als Unterraum der 2 x 2-Matrizen (→ 4.11, A 10 a), A 26) und der Vektorraum $\mathbb{C}$ der komplexen Zahlen.

A 13 (Übung zu 2.9)

Bestimmen Sie je eine Basis zu folgenden Vektorräumen

a) $V = \{\mathfrak{x} \in \mathbb{R}^2 \mid 2x_1 = 3x_2\}$

b) $V = \left\{\mathfrak{x} \in \mathbb{R}^3 \mid \det \begin{pmatrix} 1 & x_1 & 3 \\ 0 & x_2 & -1 \\ -2 & x_1 & 3 \end{pmatrix} = 0\right\}$

c) $M_{m,n}$ (= Vektorraum der $m \times n$-Matrizen; → 2.1,A10a), 3.13)

d) P_n (= Vektorraum der Polynome vom Grad $\leq n$; → 2.1,A11 f))

A 14 (Übung zu 2.13 - 2.16)

a) Es sind $\mathfrak{a} = \begin{pmatrix} -4 \\ 3 \\ -12 \end{pmatrix}$, $\mathfrak{b} = \begin{pmatrix} 273 \\ 120 \\ -64 \end{pmatrix}$ zwei Vektoren des $\mathbb{R}^3$.

Berechnen Sie bzgl. des gewöhnlichen Skalarprodukts (→ 2.14)

$$\mathfrak{a} \circ \mathfrak{b}, \quad |\mathfrak{a}|, \quad |\mathfrak{b}|, \quad \alpha = \text{Winkel } (\mathfrak{a}, \mathfrak{b}) \text{ sowie}$$

den Winkel β, den die von $\mathfrak{a}$ und $\mathfrak{b}$ aufgespannte Ebene mit der x-y-Ebene einschließt.

b) Wir definieren zwischen den Elementen des $\mathbb{R}^2$ die folgende Verknüpfung

$$\mathfrak{x} \circ \mathfrak{y} = \begin{pmatrix} x_1 \\ x_2 \end{pmatrix} \circ \begin{pmatrix} y_1 \\ y_2 \end{pmatrix} = 3x_1y_1 + 5x_2y_2 \quad \text{für alle} \quad \mathfrak{x}, \mathfrak{y} \in \mathbb{R}^2.$$

Zeigen Sie, daß es sich um ein Skalarprodukt im Sinne von 2.13 handelt.

c) Wir führen auf $C\,[a,b]$, dem Vektorraum der auf dem abgeschlossenen Intervall $[a,b] \subset \mathbb{R}$ stetigen Funktionen, ein Skalarprodukt ein:

$$f \circ g = \int_a^b f(x)\,g(x)\,dx\,.$$

Berechnen Sie im Fall $C\,[-1,\ 1]$ für $f(x) = 2x$, $g(x) = 3x^2 - 1$, im Fall $C\,[-\pi,\ \pi]$ für $f(x) = \cos x$, $g(x) = \sin x$ jeweils $f \circ g$, $|f^n|$ für $n \in \mathbb{N}$.

A 15 (Übung zu 2.17 - 2.19)

a) Orthonormieren Sie nach Schmidt die folgende Basis des $\mathbb{R}^3$

$$\begin{pmatrix} 2 \\ 0 \\ 1 \end{pmatrix}, \quad \begin{pmatrix} 3 \\ 3 \\ -1 \end{pmatrix}, \quad \begin{pmatrix} 0 \\ 8 \\ 5 \end{pmatrix}$$

b) Die Polynome $f_0(x) = \sqrt{\frac{1}{2}}$, $f_1(x) = \sqrt{\frac{3}{2}} \cdot x$ sind orthonormal bzgl. des in A 14c) auf $C\,[-1,\ 1]$ eingeführten Skalarprodukts. Ergänzen Sie durch ein entsprechendes Polynom f_2 2.Grades. Ist f_2 orthogonal zu a l l e n Polynomen niedrigeren Grades ?

3. Lineare Abbildungen und Matrizen

3.1 Lineare Abbildung $\mathbb{R}^2 \to \mathbb{R}^2$

Eine Abbildung A: $\mathbb{R}^2 \longrightarrow \mathbb{R}^2$ heißt linear (auch lineare Transformation, Homomorphismus), falls eine der gleichwertigen Bedingungen erfüllt ist

1. $A(\mathfrak{x}+\mathfrak{y}) = A(\mathfrak{x}) + A(\mathfrak{y})$, $A(\lambda\cdot\mathfrak{x}) = \lambda\cdot A(\mathfrak{x})$ für alle $\mathfrak{x}, \mathfrak{y} \in \mathbb{R}^2$, $\lambda \in \mathbb{R}$

3.2 Transformationsgleichungen

2. Der Vektor $\mathfrak{x} = \begin{pmatrix} x \\ y \end{pmatrix}$ wird auf den Vektor $A(\mathfrak{x}) = \begin{pmatrix} x' \\ y' \end{pmatrix}$ abgebildet gemäß den Transformationsgleichungen

$$x' = ax + by \quad , \qquad y' = cx + dy \quad ;$$

dabei sind die a, b, c, d feste, für die Abbildung A charakteristische reelle Zahlen.

3.3 Matrixdarstellung einer linearen Abbildung

3. A läßt sich durch eine 2 x 2-Matrix $\mathfrak{A} = \begin{pmatrix} a & b \\ c & d \end{pmatrix}$ darstellen:

$$A(\mathfrak{x}) = \mathfrak{A}\cdot\mathfrak{x} = \begin{pmatrix} a & b \\ c & d \end{pmatrix}\cdot\begin{pmatrix} x \\ y \end{pmatrix} = \begin{pmatrix} ax+by \\ cx+dy \end{pmatrix} .$$

Beachten Sie: $A(\lambda\mathfrak{x} + \ldots + \mu\mathfrak{y}) = \lambda A(\mathfrak{x}) + \ldots + \mu A(\mathfrak{y})$, insbes. $A(\mathfrak{o}) = \mathfrak{o}$.

3.4 Nullabbildung Identität

Die spezielle Abbildung "$A(\mathfrak{x}) = \mathfrak{o}$ für alle $\mathfrak{x}$" nennt man Nullabbildung, "$A(\mathfrak{x}) = \mathfrak{x}$ für alle $\mathfrak{x}$" heißt Identität (Symbol: id); die gemäß 3.3 zugehörigen Matrizen sind die Nullmatrix $\mathfrak{O} = \begin{pmatrix} 0 & 0 \\ 0 & 0 \end{pmatrix}$ sowie die Einheitsmatrix $\mathfrak{E} = \begin{pmatrix} 1 & 0 \\ 0 & 1 \end{pmatrix}$.

3.5 Lineare Abbildung (allgemein)

Allgemein heißt eine Abbildung A: V → W (V, W Vektorräume; → 2.3) linear, falls die Bedingung aus 3.1.1 für alle $\mathfrak{x}, \mathfrak{y} \in V$, $\lambda \in K$ (K Körper, meist = $\mathbb{R}$) erfüllt ist.

Ebenso wie in 3.3 läßt sich nun jeder linearen Abbildung bei vorheriger Festlegung je einer "Basis" in V und W eindeutig umkehrbar eine "Matrix", ein Zahlenschema, zuordnen und das Operieren mit linearen Abbildungen ist gleichwertig formulierbar durch ein Rechnen mit Matrizen!
Wir stellen den Spezialfall A: $\mathbb{R}^n \to \mathbb{R}^m$ dar:

3.6 Einheitsvektor im $\mathbb{R}^n$

Bezeichnet $\mathfrak{e}_k$ den k-ten Einheitsvektor im $\mathbb{R}^n$, d.h.

$$\mathfrak{e}_k = \begin{pmatrix} 0 \\ \vdots \\ 0 \\ 1 \\ 0 \\ \vdots \\ 0 \end{pmatrix} \text{ (}\longleftarrow\text{ k-te Stelle), und ist } A(\mathfrak{e}_k) = \mathfrak{a}_k = \begin{pmatrix} a_{1k} \\ a_{2k} \\ \vdots \\ a_{mk} \end{pmatrix},$$

so wird

$$A(\mathfrak{x}) = A(x_1\mathfrak{e}_1 + x_2\mathfrak{e}_2 + \ldots + x_n\mathfrak{e}_n) = x_1 A(\mathfrak{e}_1) + x_2 A(\mathfrak{e}_2) + \ldots + x_n A(\mathfrak{e}_n) =$$

$$= x_1\mathfrak{a}_1 + x_2\mathfrak{a}_2 + \ldots + x_n\mathfrak{a}_n = \begin{pmatrix} a_{11}x_1 + \ldots + a_{1n}x_n \\ \vdots \\ a_{m1}x_1 + \ldots + a_{mn}x_n \end{pmatrix} .$$

Das Zahlenschema

$$\mathfrak{A} = (\mathfrak{a}_1, \mathfrak{a}_2, \ldots, \mathfrak{a}_k, \ldots, \mathfrak{a}_n) = \begin{pmatrix} a_{11} & a_{12} \cdots & a_{1k} \cdots & a_{1n} \\ a_{21} & a_{22} \cdots & a_{2k} \cdots & a_{2n} \\ \vdots & & \vdots & \vdots \\ a_{i1} & a_{i2} \cdots & a_{ik} \cdots & a_{in} \\ \vdots & & \vdots & \vdots \\ a_{m1} & a_{m2} \cdots & a_{mk} \cdots & a_{mn} \end{pmatrix} = (a_{ik})$$

(k-te Spalte; i-te Zeile)

3.7 m x n-Matrix

nennt man m x n - Matrix, die Zahlen a_{ik} ihre Elemente und definiert das Produkt $\mathfrak{A} \cdot \mathfrak{x}$ wie folgt

$$\mathfrak{A} \cdot \mathfrak{x} = \begin{pmatrix} a_{11} & \ldots & a_{1n} \\ \vdots & & \vdots \\ a_{m1} & \ldots & a_{mn} \end{pmatrix} \cdot \begin{pmatrix} x_1 \\ \vdots \\ x_n \end{pmatrix} = \begin{pmatrix} a_{11} x_1 + a_{12} x_2 + \ldots + a_{1n} x_n \\ \vdots \\ a_{i1} x_1 + a_{i2} x_2 + \ldots + a_{in} x_n \\ \vdots \\ a_{m1} x_1 + a_{m2} x_2 + \ldots + a_{mn} x_n \end{pmatrix}$$

3.8 Produkt Matrix · Vektor

Damit wird $A(\mathfrak{x}) = \mathfrak{A} \cdot \mathfrak{x}$.

3.9 Darstellung einer linearen Abbildung durch eine Matrix

Zwei m x n - Matrizen $\mathfrak{A} = (a_{ik})$, $\mathfrak{B} = (b_{ik})$ sollen genau dann als gleich ($\mathfrak{A} = \mathfrak{B}$) gelten, wenn die zugehörigen linearen Abbildungen völlig übereinstimmen. Es gilt

$$\mathfrak{A} = \mathfrak{B} \iff \begin{cases} \mathfrak{A} \text{ und } \mathfrak{B} \text{ haben an gleichen Stellen die gleichen Elemente:} \\ a_{ik} = b_{ik} \quad \text{für alle } i, k \end{cases}$$

3.10 Gleichheit von Matrizen

Spezielle Matrizen: Wieder wird die Nullabbildung (→ 3.4) repräsentiert durch die Nullmatrix $\mathfrak{O}$ (alle Elemente = 0), im Fall m = n (man spricht von quadratischen Matrizen) die Identität (→ 3.4) durch die n x n-Einheitsmatrix

3.11 Nullmatrix Einheitsmatrix

$$\mathfrak{E} = \begin{pmatrix} 1 & 0 & 0 & - & - & - & 0 & 0 \\ 0 & 1 & 0 & & & & 0 & 0 \\ 0 & 0 & 1 & \ddots & & & 0 & 0 \\ \vdots & & & & \ddots & & & \vdots \\ 0 & 0 & 0 & & & & 1 & 0 \\ 0 & 0 & 0 & - & - & - & 0 & 1 \end{pmatrix}$$

(nur Einsen in der sog. Hauptdiagonalen).

Sind alle Elemente unterhalb der Hauptdiagonalen = 0 (d.h. $a_{ik} = 0$ für i, k mit i > k) , so spricht man von einer (oberen) Dreiecksmatrix. Die zu $\mathfrak{A} = (a_{ik})$ an der Hauptdiagonalen gespiegelte Matrix $\mathfrak{A}^t = (a_{ki})$ nennt man die zu $\mathfrak{A}$ transponierte Matrix. Stehen oberhalb und unterhalb der Hauptdiagonalen spiegelbildlich die gleichen Elemente (ist also $\mathfrak{A} = \mathfrak{A}^t$), heißt $\mathfrak{A}$ symmetrisch.

3.12 Dreiecksmatrix transponierte Matrix symmetrische Matrix

Die durch $(A + B)(\mathfrak{x}) = A(\mathfrak{x}) + B(\mathfrak{x})$ definierte Summe A + B der beiden linearen Abbildungen A, B: $\mathbb{R}^n \to \mathbb{R}^m$ ist wieder eine lineare Abbildung $\mathbb{R}^n \to \mathbb{R}^m$, ebenso für $\lambda \in \mathbb{R}$ die Abbildung $(\lambda \cdot A)(\mathfrak{x}) = \lambda \cdot A(\mathfrak{x})$.
Die linearen Abbildungen $\mathbb{R}^n \to \mathbb{R}^m$ bilden also einen Vektorraum (→ 2.3).

3.13 Der Vektorraum der linearen Abbildungen

3.14 Summe und Vielfaches von Matrizen

Sind $\mathfrak{A}$, $\mathfrak{B}$, $\mathfrak{A}+\mathfrak{B}$, $\lambda\cdot\mathfrak{A}$ die zu den linearen Abbildungen A, B, A + B, $\lambda\cdot$A: $\mathbf{R}^n \to \mathbf{R}^m$ gehörigen Matrizen, so ist

$$\mathfrak{A}+\mathfrak{B} = \begin{pmatrix} a_{11} & \dots & a_{1n} \\ \vdots & & \vdots \\ a_{m1} & \dots & a_{mn} \end{pmatrix} + \begin{pmatrix} b_{11} & \dots & b_{1n} \\ \vdots & & \vdots \\ b_{m1} & \dots & b_{mn} \end{pmatrix} = \begin{pmatrix} a_{11}+b_{11} & \dots & a_{1n}+b_{1n} \\ \vdots & & \vdots \\ a_{m1}+b_{m1} & \dots & a_{mn}+b_{mn} \end{pmatrix},$$

$$\lambda\cdot\mathfrak{A} = \lambda\cdot\begin{pmatrix} a_{11} & \dots & a_{1n} \\ \vdots & & \vdots \\ a_{m1} & \dots & a_{mn} \end{pmatrix} = \begin{pmatrix} \lambda a_{11} & \dots & \lambda a_{1n} \\ \vdots & & \vdots \\ \lambda a_{m1} & \dots & \lambda a_{mn} \end{pmatrix}, \quad \text{d.h.:}$$

> Addition und skalare Multiplikation von Matrizen erfolgen elementweise (komponentenweise).

3.15 Hintereinanderausführung von Abbildungen

Wir betrachten die beiden durch die Matrizen

$$\mathfrak{A} = \begin{pmatrix} a & b \\ c & d \end{pmatrix}, \qquad \mathfrak{B} = \begin{pmatrix} e & f \\ g & h \end{pmatrix}$$

definierten linearen Abbildungen A, B: $\mathbf{R}^2 \to \mathbf{R}^2$. Wendet man auf einen gegebenen Vektor $\mathfrak{x}$ zuerst B, dann auf das "Ergebnis" B($\mathfrak{x}$) die Abbildung A an, bildet also A(B($\mathfrak{x}$)), so spricht man von Hintereinanderausführung (= Komposition, Zusammensetzung) der Abbildungen B und A.

3.16 Produkt von 2x2-Matrizen

Die durch sie vermittelte Gesamtabbildung ist wieder linear und wird mit A ∘ B bezeichnet. Die ihr im Sinne von 3.3 zugeordnete Matrix nennt man das Produkt $\mathfrak{A}\cdot\mathfrak{B}$ der Matrizen $\mathfrak{A}$ und $\mathfrak{B}$; sie errechnet sich nach

$$\mathfrak{A}\cdot\mathfrak{B} = \begin{pmatrix} a & b \\ c & d \end{pmatrix} \cdot \begin{pmatrix} e & f \\ g & h \end{pmatrix} = \begin{pmatrix} ae+bg & af+bh \\ ce+dg & ef+dh \end{pmatrix}.$$

3.17 Merkregel zum Matrizenprodukt

Merkregel: Man denke sich die Matrizen $\mathfrak{A}$, $\mathfrak{B}$ und $\mathfrak{A}\cdot\mathfrak{B}$ aufeinandergelegt. Jedes beliebige Element von $\mathfrak{A}\cdot\mathfrak{B}$ entsteht als Skalarprodukt (→ 2.13, 2.14) derjenigen Zeile von $\mathfrak{A}$ mit derjenigen Spalte von $\mathfrak{B}$, in der es liegt.

3.18 Produkt von mxn-Matrizen

Verallgemeinerung: Der Hintereinanderausführung von linearen Abbildungen B: $\mathbf{R}^n \to \mathbf{R}^l$, A: $\mathbf{R}^l \to \mathbf{R}^m$ entspricht das sog. Produkt der zugehörigen Matrizen $\mathfrak{A}$, $\mathfrak{B}$; es muß gelten

$$\mathfrak{A}\cdot\mathfrak{B} = (a_{ik})\cdot(b_{kj}) = \underbrace{(c_{ij})}_{m\times n\text{-Matrix}} \quad \text{mit} \quad c_{ij} = a_{i1}b_{1j} + a_{i2}b_{2j} + \dots + a_{il}b_{lj}, \quad i = 1, 2, \dots, m;\; j = 1, 2, \dots, n$$

(c_{ij}: Element in der i-ten Zeile, j-ten Spalte)

Merkregel: c_{ij} = Skalarprodukt (→ 2.14) der i-ten Zeile von $\mathfrak{A}$ mit der j-ten Spalte von $\mathfrak{B}$; für m = n läßt sich dies wieder genau in der Form 3.17 beschreiben.

Rechenregeln für das Matrizenprodukt:

1. $\mathfrak{A}\cdot\mathfrak{E} = \mathfrak{E}\cdot\mathfrak{A}$ (bzgl. $\mathfrak{E}$ → 3.11), aber i.a. $\mathfrak{A}\cdot\mathfrak{B} \neq \mathfrak{B}\cdot\mathfrak{A}$
2. $\mathfrak{A}\cdot(\mathfrak{B}+\mathfrak{C}) = \mathfrak{A}\cdot\mathfrak{B}+\mathfrak{A}\cdot\mathfrak{C}$ (Distributivität)
3. $(\mathfrak{A}\cdot\mathfrak{B})\cdot\mathfrak{C} = \mathfrak{A}\cdot(\mathfrak{B}\cdot\mathfrak{C})$ (Assoziativität)

3.19 Kern / Bild

Als <u>Kern</u> der linearen Abbildung A: V → W (V, W Vektorräume; → 2.3) bezeichnet man die Menge $\{\mathfrak{x} \in V \mid A(\mathfrak{x}) = \mathfrak{o}\}$, als <u>Bild</u> die Menge $\{A(\mathfrak{x}) \mid \mathfrak{x} \in V\}$. Der Kern (das Bild) ist Unterraum von V (von W).

3.20 reguläre Matrix

Eine n×n-Matrix $\mathfrak{A}$ heißt <u>regulär</u> (= <u>nicht singulär</u>), wenn die durch sie vermittelte lineare Abbildung eindeutig umkehrbar ist (also einen Isomorphismus darstellt; → 2.11). Ihre Umkehrung ist wieder linear und die

3.21 Inverse

zugehörige Matrix, die sog. <u>Inverse</u> zu $\mathfrak{A}$, wird mit $\mathfrak{A}^{-1}$ bezeichnet.
Es ist $\mathfrak{A} \cdot \mathfrak{A}^{-1} = \mathfrak{A}^{-1} \cdot \mathfrak{A} = \mathfrak{E}$, ferner $(\mathfrak{A} \cdot \mathfrak{B})^{-1} = \mathfrak{B}^{-1} \cdot \mathfrak{A}^{-1}$.

3.22 Kriterien für Umkehrbarkeit

Speziell für lineares $A: \mathbb{R}^n \to \mathbb{R}^n$, $A(\mathfrak{x}) = \mathfrak{A} \cdot \mathfrak{x}$, sind gleichwertig

1. A ist eindeutig umkehrbar (= eineindeutig, injektiv), m. a. W.: Kern A = $\{\mathfrak{o}\}$
2. A ist surjektiv, d.h. Bild A = $\mathbb{R}^n$
3. $\mathfrak{A}$ ist regulär
4. det $\mathfrak{A} \neq 0$ (det → 5.13)

3.23 $\begin{pmatrix} a & b \\ c & d \end{pmatrix}^{-1}$

Insbesondere ist die durch die Matrix $\mathfrak{A} = \begin{pmatrix} a & b \\ c & d \end{pmatrix}$ gegebene lineare Abbildung $\mathbb{R}^2 \to \mathbb{R}^2$ genau dann eindeutig umkehrbar, wenn $\det \mathfrak{A} = ad - bc \neq 0$ gilt. In diesem Fall ist

$$\mathfrak{A}^{-1} = \frac{1}{\det \mathfrak{A}} \cdot \begin{pmatrix} d & -b \\ -c & a \end{pmatrix} .$$

3.24 Eigenvektor Eigenwert

3.25 Fixgerade Fixpunkt

Ein von Null verschiedener Vektor $\mathfrak{x} \in \mathbb{R}^2$ heißt <u>Eigenvektor</u> der linearen Abbildung A: $\mathbb{R}^2 \to \mathbb{R}^2$ zum Eigenwert $\lambda \in \mathbb{R}$, falls $A(\mathfrak{x}) = \lambda \cdot \mathfrak{x}$; anschaulich: die Gerade $\{r \cdot \mathfrak{x} \mid r \in \mathbb{R}\}$ wird durch A auf sich abgebildet, sie ist <u>Fixgerade</u> der Abbildung. Ist sogar $A(\mathfrak{x}) = \mathfrak{x}$ $(\lambda = 1)$, so nennt man den durch $\mathfrak{x}$ gegebenen Punkt des $\mathbb{R}^2$ <u>Fixpunkt</u>.

3.26 charakteristische Gleichung

Eine Zahl λ ist genau dann Eigenwert zu A (bzw. $\mathfrak{A}$), wenn die Gleichung

$$\det(\lambda \mathfrak{E} - \mathfrak{A}) = \det \begin{pmatrix} \lambda - a & -b \\ -c & \lambda - d \end{pmatrix} = (\lambda - a) \cdot (\lambda - d) - bc = 0$$

erfüllt ist; man nennt sie die <u>charakteristische Gleichung</u> der Abbildung (bzw. der Matrix).
Zu vorliegendem Eigenwert λ einer Abbildung A findet man die Eigenvektoren $\mathfrak{x}$ durch Lösen des Gleichungssystems (→ 5.2)

$$(\lambda \mathfrak{E} - \mathfrak{A}) \cdot \mathfrak{x} = \mathfrak{o}, \quad \text{hier speziell} \quad \begin{cases} (a - \lambda)x + by = 0 \\ cx + (d - \lambda)y = 0 \end{cases} .$$

A 16 (Übung zu 3.1 - 3.3)

a) Um x Volumenteile (VT) eines 40 %-igen und y VT eines 70 %-igen Alkohol-Wasser-Gemischs (wir kürzen ab: Flü 1, Flü 2) herzustellen, werden x' VT reinen Alkohols und y' Teile Wasser benötigt. Man zeige, daß die Zuordnung

$$\begin{pmatrix} x \\ y \end{pmatrix} \longrightarrow \begin{pmatrix} x' \\ y' \end{pmatrix} \quad \text{linear ist.}$$

b) Eine lineare Abbildung $A: \mathbf{R}^2 \to \mathbf{R}^2$ überführt den Vektor $\begin{pmatrix} 3 \\ 7 \end{pmatrix}$ in $\begin{pmatrix} 6 \\ 4 \end{pmatrix}$, $\begin{pmatrix} -2 \\ -3 \end{pmatrix}$ in $\begin{pmatrix} -3 \\ -2 \end{pmatrix}$. Wie lauten die Transformationsgleichungen, wie sieht die zu A gehörige Matrix aus? Welches Bild erhält der Vektor $\begin{pmatrix} 5 \\ -5 \end{pmatrix}$? Deuten Sie die Abbildung anschaulich!

c) Sei P_n der Vektorraum der Polynome vom Grad $\leq n$ (→ 2.1.2), A 11 f)). Für beliebiges $p \in P_n$ definieren wir das Polynom Δp durch

$$(\Delta p)(x) = p(x+1) - p(x).$$

Zeigen Sie, daß die Zuordnung $p \to \Delta p$ eine lineare Abbildung $\Delta: P_n \longrightarrow P_{n-1}$ darstellt.

A 17 (Übung zu 3.5 - 3.11)

Sie P_n der Vektorraum der Polynome vom Grad $\leq n$ (→ 2.1.2, A 11 f), g), A 12 a), A 13 d), A 16 c), A 20 c))

a) Welche Matrix entspricht der linearen Abbildung

$$\Delta: P_n \longrightarrow P_n, \quad (\Delta p)(x) = p(x+1) - p(x)$$

bzgl. der Basis $1, x, x^2, \ldots, x^n$ von P_n?

b) Berechnen Sie Δp für $p(x) = 2 - 3x + 5x^2 + 2x^3$ mit Hilfe dieser Matrix.

A 18 (Übung zu 3.14 - 3.18)

Sei $\mathfrak{A} = \begin{pmatrix} -2 & 3 \\ 4 & 1 \end{pmatrix}$, $\mathfrak{B} = \begin{pmatrix} 1 & 1 \\ 2 & 2 \end{pmatrix}$, $\mathfrak{C} = \begin{pmatrix} -1 & 1 \\ 1 & -1 \end{pmatrix}$,

$\mathfrak{K} = \begin{pmatrix} 2 & 1 & 4 \\ 0 & -2 & 3 \\ 3 & 0 & 1 \end{pmatrix}$, $\mathfrak{L} = \begin{pmatrix} 1 & 0 & 0 \\ 0 & 1 & 0 \\ 1 & 0 & 1 \end{pmatrix}$, $\mathfrak{M} = \begin{pmatrix} 2 & 0 & 0 \\ 0 & 1 & 0 \\ 3 & 0 & 1 \end{pmatrix}$, $\mathfrak{N} = \begin{pmatrix} 1 & 0 \\ 0 & -1 \\ 1 & 0 \end{pmatrix}$

Berechnen Sie

a) $\mathfrak{A} + \mathfrak{B}$, $\mathfrak{K} + \mathfrak{L}$, $\mathfrak{M} + \mathfrak{N}$, $4\mathfrak{A}$, $3\mathfrak{K} - 2\mathfrak{L}$

b) $\mathfrak{A} \cdot \mathfrak{B}$, $\mathfrak{B} \cdot \mathfrak{A}$, $\mathfrak{B} \cdot \mathfrak{C}$, $\mathfrak{A}^2$, $(\mathfrak{A} - \mathfrak{B})^3$

c) $\mathfrak{N} \cdot \mathfrak{A}$, $\mathfrak{K} \cdot \mathfrak{L}$, $\mathfrak{L}^2 \cdot \mathfrak{M}$, $\mathfrak{M} \cdot \mathfrak{N}$, $\mathfrak{N} \cdot \mathfrak{M}$

d) $\mathfrak{A}^2 - 2\,\mathfrak{A} \cdot \mathfrak{B} + \mathfrak{B}^2$, $p(\mathfrak{M})$ für $p(x) = x^3 - 4x^2 + 5x$

A 19 (Übung zu 3.8, 3.18)

Ein Versandhaus hält drei bestimmte Waren W_1, W_2, W_3 auf Lager; die zugehörigen festen Kunden-Endpreise seien 350, 500, 220 DM. Die Absatzmöglichkeiten beurteilt die Firma je nach Jahreszeit und Artikel unterschiedlich, im 1.Quartal des Jahres etwa

Stückzahl für	W_1	W_2	W_3
im Jan.	54	20	75
im Febr.	45	25	70
im März	40	30	75

} Matrix $\mathfrak{A} = (a_{ik})$

In den Kundenpreisen sind bereits verschiedene Kostenfaktoren F_1, F_2 (z.B. Lohn für Packarbeit, Rollgeld) mit enthalten, und zwar

Kosten in DM bei Faktor	F_1	F_2
pro 1 Stück von W_1	7,80	3,60
pro 1 Stück von W_2	12,60	2,70
pro 1 Stück von W_3	9,10	3,20

} Matrix $\mathfrak{B} = (b_{kj})$

a) Drücken Sie die monatlichen Umsätze durch $\mathfrak{A}$ und den Preisvektor

$$\mathfrak{p} = (p_k) = \begin{pmatrix} 250 \\ 500 \\ 220 \end{pmatrix} \quad \text{aus.}$$

b) Stellen Sie die monatlich anfallenden Kosten bzgl. der Faktoren F_1, F_2 zu einer Matrix $\mathfrak{K}$ zusammen und bringen Sie $\mathfrak{K}$ mit $\mathfrak{A}$ und $\mathfrak{B}$ in Beziehung.

A 20 (Übung zu 3.19)

Bestimmen Sie Kern und Bild

a) der durch die Matrix $\mathfrak{A} = \begin{pmatrix} -2 & 5 & -11 \\ 0 & -1 & 1 \\ 3 & 2 & 7 \end{pmatrix}$ vermittelten linearen Abbildung A: $\mathbf{R}^3 \to \mathbf{R}^3$. Ist $\mathfrak{A}$ regulär, anders ausgedrückt, A eindeutig umkehrbar?

b) der Abbildung A: $\mathbf{R}^3 \to \mathbf{R}^2$, $A\left(\begin{pmatrix} x_1 \\ x_2 \\ x_3 \end{pmatrix}\right) = \begin{pmatrix} x_2 \\ x_3 \end{pmatrix}$.

Welche Dimension haben Kern A, Bild A?

c) der Abbildung Δ: $P_n \to P_{n-1}$, $(\Delta p)(x) = p(x+1) - p(x)$ (→ A 17)

A 21 (Übung zu 3.20 - 3.23)

a) Bestimmen Sie die Lösungen $\mathfrak{X} \in M_{2,2}$ (→ 2.1.5), $\mathfrak{x} \in \mathbf{R}^2$ zu

$$\mathfrak{X} \cdot \begin{pmatrix} 2 & -3 \\ 4 & 5 \end{pmatrix} = \mathfrak{E}, \qquad \begin{pmatrix} 1 & 5 \\ 2 & -10 \end{pmatrix} \cdot \mathfrak{x} = \begin{pmatrix} 4 \\ 5 \end{pmatrix}$$

b) Ein Winzer hat aus zwei verschiedenen Lagen zwei Weinsorten gekeltert, einen Spitzenwein W_1 und einen aufgrund mangelnder Süße nahezu unverkäuflichen Wein W_2. Um zwei gut absetzbare Weine verschiedener Qualitätsstufe anbieten zu können, verschneidet er beide Sorten zu Mischungen M_1, M_2 wie folgt

%-Gehalt an	W_1	W_2
Mischung M_1	92	8
Mischung M_2	10	90

Wieviel Liter an M_1 und M_2 erhält er, wenn die Vorräte sich auf 2500 ltr. von W_1, 3900 ltr. von W_2 belaufen?

A 22 (Übung zu 3.24 - 3.26)

a) Bestimmen Sie die charakteristischen Gleichungen und, soweit vorhanden, die Eigenwerte der Matrizen

$$\begin{pmatrix} 3 & 9 \\ -2 & -5 \end{pmatrix}, \quad \begin{pmatrix} 8 & -3 \\ 3 & 2 \end{pmatrix}, \quad \begin{pmatrix} 7 & -6 \\ -2 & 3 \end{pmatrix}, \quad \begin{pmatrix} 0 & 1 \\ -q & -p \end{pmatrix} \quad \text{für } p, q \in \mathbb{R},$$

$$\begin{pmatrix} 7 & 3 & -3 \\ -2 & 0 & 1 \\ 4 & 0 & -1 \end{pmatrix}, \quad \begin{pmatrix} 0 & 1 & 0 \\ 0 & 0 & 1 \\ -c & -b & -a \end{pmatrix} \quad \text{für } a, b, c \in \mathbb{R}$$

b) Gegeben sei die durch die Matrix

$$\mathfrak{A}_r = \begin{pmatrix} r-3 & -2 \\ 1+r & 2r \end{pmatrix}, \quad r \in \mathbb{R},$$

definierte Schar von linearen Abbildungen $\mathbb{R}^2 \to \mathbb{R}^2$.
Bestimmen Sie die Eigenwerte λ_1, λ_2 von $\mathfrak{A}_r$ sowie die zugehörigen "Eigenräume" $U_{1|2} = \{\mathfrak{x} \in \mathbb{R}^2 \mid \mathfrak{A}_r \mathfrak{x} = \lambda_{1|2} \mathfrak{x}\}$.
Für welchen Wert von r
- gibt es eine Orthonormalbasis des $\mathbb{R}^2$, die nur aus Eigenvektoren von $\mathfrak{A}_r$ besteht.
- besitzt $\mathfrak{A}_r$ eine Fixpunktgerade (alle Punkte auf ihr sind Fixpunkte!)?

c) Bestimmen Sie die zur Spiegelung (→ 4.7, A 27)

$$\mathfrak{A} = \begin{pmatrix} a & b \\ b & -a \end{pmatrix}, \quad a^2 + b^2 = 1,$$

gehörige Fixpunktgerade.

4.1 affine Abbildung (= affine Transformation)

Eine eindeutig umkehrbare (= eineindeutige; → 3.22) Abbildung A des $\mathbf{R}^2$ auf den $\mathbf{R}^2$ heißt <u>affin</u> (<u>Affinität</u>), wenn sie eine der folgenden gleichwertigen (!) Bedingungen erfüllt.

1. Parallele Geraden werden stetig auf parallele Geraden abgebildet
2. Gilt für vier Punkte P, Q, R, S der Ebene $\overrightarrow{PQ} = c \cdot \overrightarrow{RS}$, $c \in \mathbf{R}$, so auch für die Bildpunkte P', Q', R', S': $\overrightarrow{P'Q'} = c \cdot \overrightarrow{R'S'}$.
3. Es gibt eine reguläre (= nicht singuläre; → 3.20 - 3.23) 2x2-Matrix $\mathfrak{A}$ sowie einen Vektor $\mathfrak{b} \in \mathbf{R}^2$ mit

   $$A(\mathfrak{x}) = \mathfrak{A} \cdot \mathfrak{x} + \mathfrak{b} \quad \text{für alle} \quad \mathfrak{x} \in \mathbf{R}^2$$

   (die regulären linearen Abbildungen sind nach 3.3 also genau die Affinitäten, die den Nullpunkt fest lassen).
4. Für geeignete $\mathfrak{a}, \mathfrak{b}, \mathfrak{c} \in \mathbf{R}^2$, $\mathfrak{a}, \mathfrak{b}$ linear unabhängig, ist

   $$A(\mathfrak{x}) = x \cdot \mathfrak{a} + y \cdot \mathfrak{b} + \mathfrak{c} \quad \text{für alle} \quad \mathfrak{x} = \begin{pmatrix} x \\ y \end{pmatrix} \in \mathbf{R}^2$$

   Bemerkung: $\mathfrak{a}, \mathfrak{b}$ sind die Spalten der Matrix $\mathfrak{A}$ aus 3.

Eine anschauliche Deutung, zugeschnitten auf die Charakterisierung 4., gibt die nachfolgende Figur

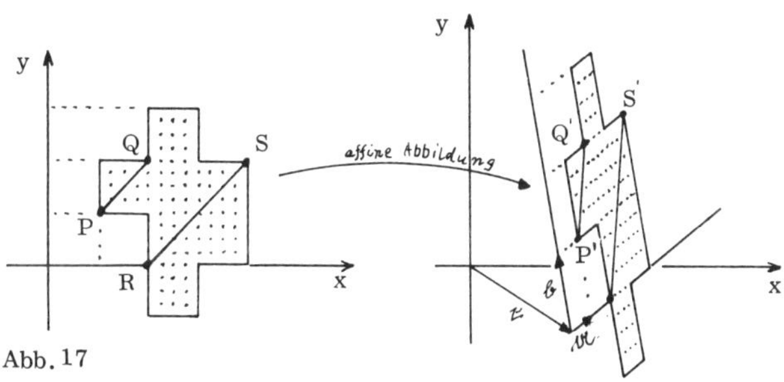

Abb. 17

4.2 Invarianten der affinen Abbildung

Ebenso wie "Parallelität" und "Teilverhältnis eines Punktes auf einer Strecke" bei affinen Transformationen erhalten bleiben (= <u>affin invariant</u> sind), so auch das Verhältnis der Flächeninhalte zweier beliebiger Figuren; genauer: geht die Fläche F bei der Affintransformation A in F' über, so ist

$$|F'| = |\det \mathfrak{A}| \cdot |F'| \quad .$$

4.3 Flächentreue

Ist speziell $|\det \mathfrak{A}| = 1$, nennt man A <u>flächentreu</u>.

4.4 gleichsinnig / gegensinnig

Man unterscheidet die <u>gleichsinnigen</u> ($\det \mathfrak{A} > 0$) von den <u>gegensinnigen</u> ($\det \mathfrak{A} < 0$) affinen Transformationen.

4.5 Euler-Affinität

Fallen die im obigen Parallelogrammgitternetz (Abb. 17) bestimmenden Achsenrichtungen $\mathfrak{a}, \mathfrak{b}$ mit den Koordinatenachsen zusammen, spricht man im Fall $\mathfrak{c} = \mathfrak{o}$ von einer <u>Euler-Affinität</u>. Sie hat also die Darstellung

$$A(\mathfrak{x}) = x \cdot \begin{pmatrix} a \\ 0 \end{pmatrix} + y \cdot \begin{pmatrix} 0 \\ d \end{pmatrix} = \begin{pmatrix} ax \\ dy \end{pmatrix} = \begin{pmatrix} a & 0 \\ 0 & d \end{pmatrix} \cdot \mathfrak{x} = \mathfrak{Eul} \cdot \mathfrak{x}\,, \quad ad \neq 0$$

und bewirkt eine Streckung (bzw. Stauchung) der x-Koordinaten um den Faktor a, der y-Koordinaten um d.

4.6 Scherung

Eine Scherung (Abb. 18), etwa in x-Richtung, liegt vor, wenn jeder Punkt bei der Transformation seine Lage parallel zur x-Richtung verändert - und zwar proportional (Faktor b) zu seinem Abstand von der x-Achse (Abb. 19):

$$A(\mathfrak{x}) = \mathfrak{x} + b \cdot \begin{pmatrix} y \\ 0 \end{pmatrix} = \begin{pmatrix} x + by \\ y \end{pmatrix} = \begin{pmatrix} 1 & b \\ 0 & 1 \end{pmatrix} \cdot \mathfrak{x} = \mathfrak{Scher}_x \cdot \mathfrak{x}$$

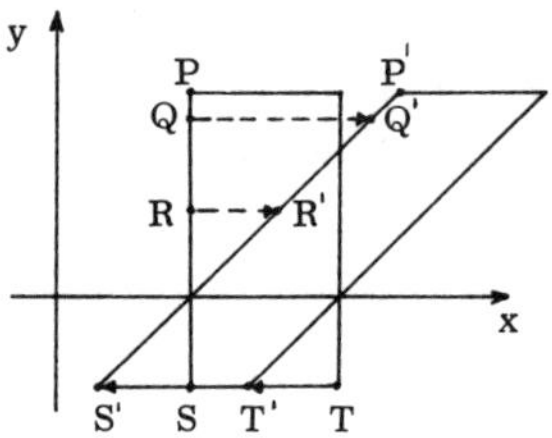

Abb. 18

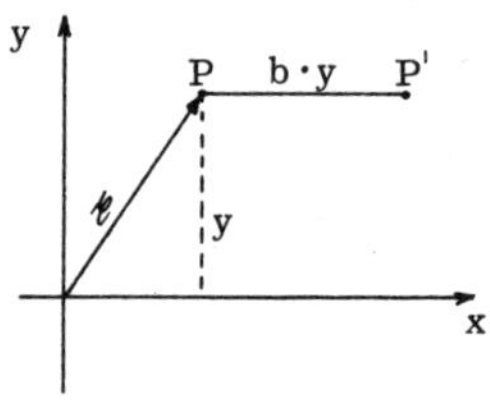

Abb. 19

Analog hat man für eine Scherung in y-Richtung

$$A(\mathfrak{x}) = \mathfrak{x} + c \cdot \begin{pmatrix} 0 \\ x \end{pmatrix} = \begin{pmatrix} x \\ y + cx \end{pmatrix} = \begin{pmatrix} 1 & 0 \\ c & 1 \end{pmatrix} \cdot \mathfrak{x} = \mathfrak{Scher}_y \cdot \mathfrak{x}$$

4.7 Spiegelung

Während die Spiegelung an der x-Achse durch die spezielle Euler-Affinität $\begin{pmatrix} 1 & 0 \\ 0 & -1 \end{pmatrix}$ beschrieben wird, ist die Spiegelung an der Geraden y = x (Winkelhalbierende des 1./3. Quadranten) gegeben durch $\begin{pmatrix} 0 & 1 \\ 1 & 0 \end{pmatrix}$. Die Spiegelung an einer beliebigen Geraden erhält man durch

$$\begin{pmatrix} c & s \\ s & -c \end{pmatrix} \quad \text{mit } c, s \in \mathbf{R}, \quad c^2 + s^2 = 1 \qquad (\rightarrow \text{A 22 c), A 27)}$$

4.8 Zerlegung affiner Abbildungen

Es gilt folgender Zerlegungssatz für affine Abbildungen A: $\mathbf{R}^2 \rightarrow \mathbf{R}^2$ (vgl. auch 4.16): Mit $\Delta = \det \mathfrak{A} = ad - bc \; (\neq 0)$ ist

$$\mathfrak{A} = \begin{pmatrix} a & b \\ c & d \end{pmatrix} = \begin{cases} \begin{pmatrix} 1 & 0 \\ \frac{c}{a} & 1 \end{pmatrix} \cdot \begin{pmatrix} 1 & \frac{ab}{\Delta} \\ 0 & 1 \end{pmatrix} \cdot \begin{pmatrix} a & 0 \\ 0 & \frac{\Delta}{a} \end{pmatrix}, & \text{falls } a \neq 0 \\[2ex] \underbrace{\begin{pmatrix} 0 & 1 \\ 1 & 0 \end{pmatrix}} \cdot \underbrace{\begin{pmatrix} 1 & \frac{d}{b} \\ 0 & 1 \end{pmatrix}} \cdot \underbrace{\begin{pmatrix} c & 0 \\ 0 & b \end{pmatrix}}_{\text{Euler-Affinität}}, & \text{falls } a = 0 \end{cases}$$

Euler-Affinität

Scherung in x-Richtung

oben: Scherung in y-Richtung

unten: Spiegelung an y = x

4.9 Ähnlichkeit

Weitere spezielle affine Abbildungen stellen die Ähnlichkeitsabbildungen dar; eine solche liegt vor bei A: $\mathbb{R}^2 \to \mathbb{R}^2$, A eindeutig umkehrbar, wenn eine der folgenden gleichwertigen Bedingungen erfüllt ist

1. Entfernungen werden stets um den gleichen (Streckungs-)Faktor verändert; genauer: es gibt eine feste Zahl $\lambda > 0$, so daß für beliebige Punkte P, $Q \in \mathbb{R}^2$ mit Bildpunkten P', Q' gilt: $|\overline{P'Q'}| = \lambda \cdot |\overline{PQ}|$

4.10 Winkeltreue

2. A ist affin und winkeltreu; letzteres bedeutet, daß der von den beliebigen Strecken $\overline{PQ}$ und $\overline{PR}$ eingeschlossene Winkel mit dem Winkel zwischen $\overline{P'Q'}$ und $\overline{P'R'}$ übereinstimmt.
3. A ist affin, d.h. $A(\mathfrak{x}) = \mathfrak{A}\mathfrak{x} + \mathfrak{b}$ mit $\det \mathfrak{A} \neq 0$, und $\mathfrak{A}$ hat mit festen Zahlen c, s die spezielle Gestalt

$$\mathfrak{A} = \begin{pmatrix} c & -s \\ s & c \end{pmatrix} \quad \text{oder} \quad = \begin{pmatrix} c & s \\ s & -c \end{pmatrix}, \quad \text{m.a.W.: } \mathfrak{A}^t \mathfrak{A} = |\det \mathfrak{A}| \cdot \mathfrak{E}$$

4. Für festes $\lambda > 0$ ist

$$A(\mathfrak{x}) = \lambda \cdot \begin{pmatrix} \cos\alpha & \mp \sin\alpha \\ \sin\alpha & \pm \cos\alpha \end{pmatrix} \cdot \mathfrak{x} + \mathfrak{b} \quad ;$$

dabei ist bzgl. der in 3. verwendeten Bezeichnungen

$$\lambda^2 = |\det \mathfrak{A}| = c^2 + s^2 , \qquad \tan\alpha = \frac{c}{s} \quad .$$

Die Darstellung in 4. läßt sich noch weiter verfeinern

4.11 Zerlegung einer Ähnlichkeitsabbildung

$$A(\mathfrak{x}) = \begin{pmatrix} \lambda & 0 \\ 0 & \lambda \end{pmatrix} \cdot \begin{pmatrix} \cos\alpha & -\sin\alpha \\ \sin\alpha & \cos\alpha \end{pmatrix} \cdot \begin{pmatrix} 1 & 0 \\ 0 & \pm 1 \end{pmatrix} \cdot \mathfrak{x} + \mathfrak{b}$$

$\begin{pmatrix} \lambda & 0 \\ 0 & \lambda \end{pmatrix}$	$\begin{pmatrix} \cos\alpha & -\sin\alpha \\ \sin\alpha & \cos\alpha \end{pmatrix}$	$\begin{pmatrix} 1 & 0 \\ 0 & \pm 1 \end{pmatrix}$	$+\ \mathfrak{b}$
"zentrische" Streckung um (0|0) mit Faktor λ	$= \mathfrak{Dreh}_\alpha$: Drehung um Winkel α mit Zentrum (0|0)	für "-"-Zeichen: Spiegelung an x-Achse	Translation um $\mathfrak{b}$

Streckung und Drehung zusammen: sog. "Drehstreckung" (→ A 26)

Drehung und Spiegelung zusammen: Kongruenzabbildung (→ 4.12)

4.12 Kongruenz

Eine eindeutig umkehrbare Abbildung A: $\mathbb{R}^2 \to \mathbb{R}^2$ heißt Kongruenzabbildung, falls eine der folgenden gleichwertigen Bedingungen erfüllt ist

1. Entfernungen bleiben erhalten; genauer: Sind P, $Q \in \mathbb{R}^2$ mit Bildpunkten P', Q', so ist stets $|\overline{P'Q'}| = |\overline{PQ}|$.
2. A ist eine Ähnlichkeitstransformation mit dem Streckfaktor $\lambda = 1$.
3. A ist affin, d.h. $A(\mathfrak{x}) = \mathfrak{A}\mathfrak{x} + \mathfrak{b}$, wobei

$$\mathfrak{A} = \begin{pmatrix} c & -s \\ s & c \end{pmatrix} \quad \text{oder} \quad = \begin{pmatrix} c & s \\ s & -c \end{pmatrix} \quad \text{und} \quad c^2 + s^2 = 1 ,$$

m.a.W.: $\mathfrak{A}^t \mathfrak{A} = \mathfrak{E}$ ($\mathfrak{A}$ heißt dann orthogonal)

4.13 orthogonale Matrix

4. Für festes $\mathfrak{b} \in \mathbf{R}^2$, $\alpha \in \mathbf{R}$ ist

$$A(\mathfrak{x}) = \underbrace{\begin{pmatrix} \cos\alpha & -\sin\alpha \\ \sin\alpha & \cos\alpha \end{pmatrix} \cdot \begin{pmatrix} 1 & 0 \\ 0 & \pm 1 \end{pmatrix}} \cdot \mathfrak{x} + \mathfrak{b}$$

für "+" - Zeichen: $\mathfrak{Dreh}_\alpha$, reine Drehung um Winkel α mit Zentrum $(0|0)$

für "-" - Zeichen: Spiegelung an $y = \frac{1-c}{s} \cdot x = (\tan\alpha) \cdot x$ (→ A 27)

4.14 Bewegung

Die gleichsinnigen (→ 4.4) Kongruenzabbildungen werden auch als Bewegungen bezeichnet.

4.15 Rechtwinkelpaar

Zu jeder Affinität $A: \mathbf{R}^2 \to \mathbf{R}^2$ gibt es mindestens ein Paar zueinander senkrechter Geraden g, h (bzw. Vektoren $\mathfrak{x}, \mathfrak{y}$), die durch A wieder in senkrechte Geraden (bzw. Vektoren) übergehen, d.h.

$$g \perp h \quad \text{und} \quad A(g) \perp A(h) \quad \text{bzw.} \quad \mathfrak{x} \perp \mathfrak{y} \text{ und } \mathfrak{A}\mathfrak{x} \perp \mathfrak{A}\mathfrak{y} .$$

Ausgehend von diesem Sachverhalt kann man zeigen (A(g) und A(h) dienen als neue Koordinatenachsen):

4.16 Zerlegungssatz für affine Abbn.

Jede Affinität $A: \mathbf{R}^2 \to \mathbf{R}^2$ läßt sich zusammensetzen aus Kongruenzabbildungen, einer Euler Affinität (→ 4.5) sowie einer Translation; genauer:

$$A(\mathfrak{x}) = \mathfrak{A}\mathfrak{x} + \mathfrak{b} \quad \text{mit} \quad \mathfrak{A} = \mathfrak{Dreh}_\alpha \cdot \mathfrak{Eul} \cdot \mathfrak{Dreh}_\beta$$

Sei G die Menge der affinen Abbildungen $\mathbf{R}^2 \to \mathbf{R}^2$. Bezüglich der Hintereinanderausführung "∘" (→ 3.15) stellen wir für G die folgenden Eigenschaften heraus

4.17 Gruppenaxiome

1. $A, B \in G \Rightarrow A \circ B \in G$
2. $A \circ (B \circ C) = (A \circ B) \circ C$ für alle $A, B, C \in G$
3. Es gibt in G ein Element N (nämlich die Identität id; → 3.4) mit "neutraler" Wirkung: $A \circ N = N \circ A = A$ für alle $A \in G$.
4. Zu jedem $A \in G$ gibt es ein $A^{-1} \in G$ (nämlich die Umkehrung zu A) mit $A \circ A^{-1} = A^{-1} \circ A = N$

   (Ist $A(\mathfrak{x}) = \mathfrak{A}\mathfrak{x} + \mathfrak{b}$ mit $\mathfrak{A} = \begin{pmatrix} a & b \\ c & d \end{pmatrix}$, $\det \mathfrak{A} \neq 0$, so $A^{-1}(\mathfrak{x}) = \mathfrak{A}^{-1}\mathfrak{x} - \mathfrak{A}^{-1}\mathfrak{b}$ mit $\mathfrak{A}^{-1}$ gemäß 3.23)

4.18 Gruppe

4.19 Untergruppenkriterium

Erfüllt irgendeine Menge bzgl. einer auf ihr definierten Verknüpfung "∘" die obigen vier Bedingungen, nennt man sie Gruppe. Teilmengen einer Gruppe stellen nur dann selbst wieder Gruppen dar, sog. Untergruppen, wenn mit A, B stets auch $A \circ B^{-1}$ in der Teilmenge enthalten ist.

4.20 affine Verwandtschaft der Kegelschnitte

Je zwei Ellipsen (ebenso Parabeln, Hyperbeln) gehen durch eine (geeignete) affine Abbildung auseinander hervor; dabei darf der Kreis als Spezialfall einer Ellipse mitgerechnet werden.

4.21 Drehung eines Kegelschnitts

Die allgemeine Kegelschnittgleichung (→1.8)

$$Ax^2 + By^2 + Cx + Dy + Exy + F = 0$$

geht bei Drehung der Koordinatenachsen $\mathfrak{x}' = \mathfrak{Dreh}_\alpha \cdot \mathfrak{x}$ bzw.

$$\begin{pmatrix} x \\ y \end{pmatrix} = \mathfrak{x} = \mathfrak{Dreh}_{-\alpha} \cdot \mathfrak{x}' = \begin{pmatrix} \cos\alpha & \sin\alpha \\ -\sin\alpha & \cos\alpha \end{pmatrix} \cdot \begin{pmatrix} x' \\ y' \end{pmatrix}$$

über in $A'x'^2 + B'y'^2 + C'x' + D'y' + E'x'y' + F' = 0$ mit $E' = (A - B)\cdot \sin 2\alpha + E \cdot \cos 2\alpha$ (leicht nachzurechnen!). Wir wollen $E' = 0$ erzwingen und setzen daher

4.22 Drehwinkel-Formel

$$\tan 2\alpha = \frac{E}{B - A} \quad \text{mit} \quad 0 \leq 2\alpha < 180^0 .$$

Bei Verwendung einer Drehung mit diesem Winkel wird also die allgemeine Kegelschnittgleichung zurückgeführt auf den in 1.8 diskutierten Fall $E = 0$.

A 23 (Übung zu 4.1)

Prüfen Sie die folgenden Abbildungen darauf, ob es sich um Affinitäten handelt.

a) Jedem Punkt $P(x|y)$ des $\mathbf{R}^2$ wird seine senkrechte Projektion $P'(x\,|\,0)$ auf die x-Achse zugeordnet.

b) Gegeben seien zwei sich schneidende Ebenen. Zu jedem Punkt $P \in E$ gehört der durch Parallelprojektion (man denke an schräg einfallende Sonnenstrahlen) zugeordnete Punkt $P' \in E'$ (Abb. 20)

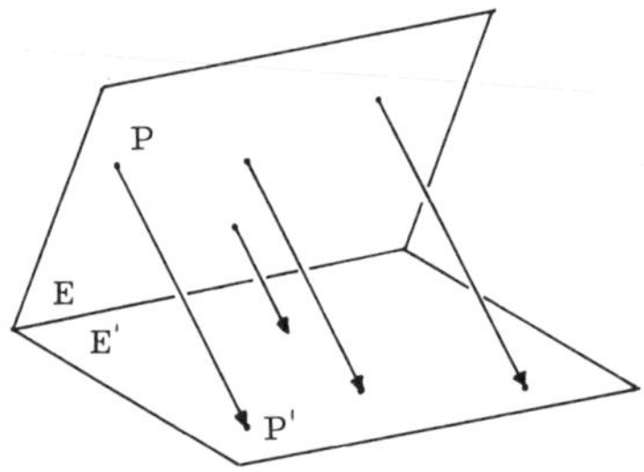

Abb. 20

c) $A\colon \mathbf{R}^2 \to \mathbf{R}^2,\ A(\mathfrak{x}) = x^3 \cdot \begin{pmatrix}1\\2\end{pmatrix} + y^3 \cdot \begin{pmatrix}3\\1\end{pmatrix}$

für $\mathfrak{x} = \begin{pmatrix}x\\y\end{pmatrix}$.

d) Seien T, T' feste Punkte des $\mathbf{R}^2$. Dem beliebigen Punkt P ordne man denjenigen Punkt P' zu mit $\overrightarrow{T'P'} = 2 \cdot \overrightarrow{TP}$.

e) Der Punkt $P(x|y)$ werde abgebildet auf $P'(2x+3\,|\,-x+7{,}5\,y)$

f) $A\colon \mathbf{R}^2 \to \mathbf{R}^2,\ A(\mathfrak{x}) = x \cdot \begin{pmatrix}1\\1\end{pmatrix} + (x-y) \cdot \begin{pmatrix}1\\2\end{pmatrix} + \begin{pmatrix}3\\4\end{pmatrix} \cdot (1-y)$

A 24 (Übung zu 4.1 - 4.3)

Gegeben sei die affine Abbildung $A\colon \mathbf{R}^2 \to \mathbf{R}^2,\ A(\mathfrak{x}) = \mathfrak{A}\mathfrak{x} + \mathfrak{b}$ mit

$\mathfrak{A} = \begin{pmatrix}2 & 4\\1 & 5\end{pmatrix}$ und $\mathfrak{b} = \begin{pmatrix}-1\\1\end{pmatrix}$

(durch Transformationsgleichungen beschrieben:

$x' = 2x + 4y - 1$, $\quad y' = x + 5y + 1$).

a) Bestimmen Sie die Bilder P', Q', R' der Punkte $P(1|2)$, $Q(3|1)$, $R(2|3)$

b) Die Punkte P, Q, R sowie P', Q', R' bilden je ein Dreieck F, F'. Wie groß sind die Flächeninhalte $|F|$, $|F'|$, wie groß ist das sog. Flächenübertragungsverhältnis $\frac{|F'|}{|F|}$? Ist A flächentreu?

c) Welches ist die Bildgerade zu $y = -x + 3$, welches das Urbild zu $y = x + 1$?

d) Untersuchen Sie A auf Fixpunkte! (→ A 22 b), c))

A 25 (Übung zu 4.1 - 4.3)

Welche Affinität $A\colon \mathbf{R}^2 \to \mathbf{R}^2$ überführt

a) das Dreieck $P(1|1)$, $Q(4|2)$, $R(3|4)$ in das Dreieck $P'(5|7)$, $Q'(15|15)$, $R'(21|24)$?

b) die Gerade $y = x - 3$ in $y = 5x + 3$, hat $y = 3x$ als Fixgerade mit Fixpunkt $\mathfrak{o}$ und ist flächentreu?

c) den Kreis $K\colon (x-2)^2 + (y-1)^2 = 4$ in den Kreis $K'\colon x^2 + (y-3)^2 = 25$ und dabei $P(4|1)$ in $P'(4|6)$?

A 26 (Übung zu 4.9 - 4.11)

a) Welche explizite Darstellung besitzt eine Drehstreckung um ein beliebiges Zentrum? Setzen Sie aus Einzelabbildungen zusammen!

b) Die Abbildung aus Aufgabe 25c) stellt eine Drehstreckung dar. Bestätigen Sie dies und bestimmen Sie ihr Zentrum, Drehwinkel und Streckfaktor!

A 27 (Übung zu 4.12, 4.13)

a) Nach 4.7 stellen die Matrizen $\begin{pmatrix} 1 & 0 \\ 0 & -1 \end{pmatrix}$, $\begin{pmatrix} -1 & 0 \\ 0 & 1 \end{pmatrix}$, $\begin{pmatrix} 0 & 1 \\ 1 & 0 \end{pmatrix}$ spezielle Spiegelungen dar. Zeigen Sie, daß eine (Orthogonal-)Spiegelung an einer beliebigen Geraden g gegeben wird durch die (orthogonale!) Transformationsmatrix

$$\mathfrak{Spieg} = \begin{pmatrix} a & b \\ b & -a \end{pmatrix} \quad \text{mit } a^2 + b^2 = 1.$$

b) Beweisen Sie, daß umgekehrt eine solche Matrix immer eine Spiegelung liefert: entweder an der y-Achse oder einer Geraden mit Steigung $\frac{b}{a+1}$.

A 28 (Übung zu 4.5, 4.15, 4.16)

Sei A: $\mathbb{R}^2 \to \mathbb{R}^2$ affin, $A(\mathfrak{x}) = \mathfrak{A}\mathfrak{x}$ mit einer 2×2-Matrix $\mathfrak{A}$.
Zeigen Sie die Äquivalenz folgender Aussagen:

a) $\mathfrak{A} = \begin{pmatrix} a & b \\ b & d \end{pmatrix}$ mit $a, b, d \in \mathbb{R}$ (natürlich $ad \neq b^2$)

b) A hat zwei senkrechte Fixgeraden, m.a.W.: $\mathfrak{A}$ besitzt ein Paar orthogonaler Eigenvektoren.

c) $\mathfrak{A} = \mathfrak{Dreh}_{-\alpha} \cdot \mathfrak{Eul} \cdot \mathfrak{Dreh}_{\alpha}$ (→ 4.5, 4.11)

Bemerkung: Eine Abbildung mit einer dieser (und damit allen) Eigenschaften wird auch als allgemeine Euler-Affinität bezeichnet.

A 29 (Übung zu 4.5 - 4.14)

Geben Sie an, um welche Art von Affinität es sich jeweils handelt

a) $\begin{pmatrix} 1 & 2 \\ 0 & 1 \end{pmatrix}$ b) $\begin{pmatrix} -4 & 3 \\ 3 & 4 \end{pmatrix}$ c) $\begin{pmatrix} -1 & 0 \\ 0 & 1 \end{pmatrix}$ d) $\begin{pmatrix} 3 & -2 \\ 2 & 3 \end{pmatrix}$

e) $\begin{pmatrix} 2 & 0 \\ 0 & -3 \end{pmatrix}$ f) $\begin{pmatrix} 0 & 1 \\ 1 & 0 \end{pmatrix}$ g) $\begin{pmatrix} -1 & 0 \\ 0 & -1 \end{pmatrix}$ h) $\begin{pmatrix} \frac{3}{5} & -\frac{4}{5} \\ \frac{4}{5} & \frac{3}{5} \end{pmatrix}$

i) $\frac{1}{5}\begin{pmatrix} -3 & 4 \\ 4 & 3 \end{pmatrix}$ j) $\begin{pmatrix} 4 & 0 \\ 0 & 4 \end{pmatrix}$ k) $\begin{pmatrix} -2 & -3 \\ -3 & 1 \end{pmatrix}$ l) $\begin{pmatrix} 5 & 4 \\ -4 & 5 \end{pmatrix}$

m) $\begin{pmatrix} 1 & 0 \\ -\sqrt{2} & 1 \end{pmatrix}$ n) $\begin{pmatrix} 1 & 4 \\ 0 & -1 \end{pmatrix}$ o) $\begin{pmatrix} 1 & 0 \\ 0 & -2 \end{pmatrix}$ p) $\begin{pmatrix} 1 & 4 \\ 0 & 2 \end{pmatrix}$

A 30 (Übung zu 4.17 - 4.19)

Zeigen Sie, daß die Scherungen längs paralleler Achsen eine Untergruppe der affinen Gruppe bilden.

A 31 (Übung zu 4.20 - 4.22)

Beschreiben Sie den Kegelschnitt

$$36x^2 + 29y^2 + 24xy - 168x - 76y + 20 = 0$$

geometrisch!

Gegeben seien die Zahlen $a_{11}, a_{12}, \ldots, b_1, b_2, \ldots$; gesucht sind Zahlen $x_1, x_2, \ldots, x_n \in \mathbb{R}$, so daß gilt

5.1 Lineares Gleichungssystem (LGS)

$$\begin{array}{|l|} \hline a_{11}\,x_1 + a_{12}\,x_2 + \ldots + a_{1n}\,x_n = b_1 \\ a_{21}\,x_1 + a_{22}\,x_2 + \ldots + a_{2n}\,x_n = b_2 \\ \vdots \\ a_{m1}\,x_1 + a_{m2}\,x_2 + \ldots + a_{mn}\,x_n = b_m \\ \hline \end{array}$$

Die Gesamtheit dieser durch die gemeinsamen Unbekannten gekoppelten Gleichungen bezeichnet man als lineares Gleichungssystem (LGS) mit m Gleichungen und n Unbekannten. Mit

$$\mathfrak{a}_1 = \begin{pmatrix} a_{11} \\ a_{21} \\ \vdots \\ a_{m1} \end{pmatrix}, \mathfrak{a}_2 = \begin{pmatrix} a_{12} \\ a_{22} \\ \vdots \\ a_{m2} \end{pmatrix}, \ldots, \mathfrak{b} = \begin{pmatrix} b_1 \\ b_2 \\ \vdots \\ b_m \end{pmatrix}, \mathfrak{A} = (\mathfrak{a}_1, \mathfrak{a}_2, \ldots, \mathfrak{a}_n) = \begin{pmatrix} a_{11} & \ldots & a_{1n} \\ \vdots & & \vdots \\ a_{m1} & \ldots & a_{mn} \end{pmatrix}$$

ist $\mathfrak{a}_k, \mathfrak{b} \in \mathbf{R}^m$, $\mathfrak{A}$ die $m \times n$-Koeffizientenmatrix (→ 3.7) und das LGS 5.1 läßt sich übersichtlicher in folgender Gestalt schreiben

5.2 LGS in Matrizenform

$$\boxed{\mathfrak{a}_1 x_1 + \mathfrak{a}_2 x_2 + \ldots + \mathfrak{a}_n x_n = \mathfrak{b} \quad \text{oder} \quad \mathfrak{A} \cdot \mathfrak{x} = \mathfrak{b}}\ .$$

5.3 homogen / inhomogen

Ist hier $\mathfrak{b} = \mathfrak{o}$, das LGS also von der Form $\mathfrak{A}\mathfrak{x} = \mathfrak{o}$, sprechen wir von einem homogenen, sonst von einem inhomogenen System.

5.4 Kriterien für Lösbarkeit eines LGS

Die erste Darstellung in 5.2 zeigt, daß das LGS genau dann lösbar ist, wenn $\mathfrak{b}$ Linearkombination von $\mathfrak{a}_1, \ldots, \mathfrak{a}_n$ ist, m.a.W., in dem von ihnen aufgespannten Unterraum des $\mathbb{R}^n$ liegt.
Verstehen wir unter dem Rang der Matrix $\mathfrak{A} = (\mathfrak{a}_1, \ldots, \mathfrak{a}_n)$ die Maximalzahl linear unabhängiger Spalten, läßt sich sagen

$$\boxed{\text{das LGS 5.1 ist lösbar} \iff \text{Rang}(\mathfrak{a}_1, \ldots, \mathfrak{a}_n) = \text{Rang}(\mathfrak{a}_1, \ldots, \mathfrak{a}_n, \mathfrak{b}).}$$

5.5 Lösungsraum

Die Lösungsmenge $\{\mathfrak{x} \in \mathbf{R}^n \mid \mathfrak{A}\mathfrak{x} = \mathfrak{o}\}$ des homogenen LGS bildet einen Vektorraum (→ 2.3), den sog. Lösungsraum (d.h.: Summe von zwei Lösungsvektoren und skalares Vielfaches sind wieder Lösungen). Die Lösung $\mathfrak{o}$ nennt man die triviale Lösung.

5.6 Lösungsgesamtheit und partikuläre Lösung

Sind der Lösungsraum L sowie eine *einzige* spezielle Lösung $\mathfrak{x}_0$ des inhomogenen Systems (eine sog. partikuläre Lösung) bekannt, so kennt man *sämtliche* Lösungen: sie ergeben sich alle zu $\mathfrak{x}_0 + \mathfrak{x}$ mit beliebigem $\mathfrak{x} \in L$.

5.7 Lösung bei Kenntnis der Inversen

Ist $m = n$, $\mathfrak{A}$ also quadratisch, und $\mathfrak{A}$ regulär (→3.20), so existiert die Inverse $\mathfrak{A}^{-1}$ (→3.21) und es ist notwendig

$$\boxed{\mathfrak{x} = \mathfrak{E}\mathfrak{x} = (\mathfrak{A}^{-1}\mathfrak{A})\mathfrak{x} = \mathfrak{A}^{-1}(\mathfrak{A}\mathfrak{x}) = \mathfrak{A}^{-1}\mathfrak{b}}\ .$$

Im Falle der 2x2-Matrix $\mathfrak{A} = \begin{pmatrix} a_{11} & a_{12} \\ a_{21} & a_{22} \end{pmatrix}$ bedeutet dies nach 3.23 für das LGS

$$a_{11}x_1 + a_{12}x_2 = b_1$$
$$a_{21}x_2 + a_{22}x_2 = b_2$$

$$\mathfrak{x} = \begin{pmatrix} x_1 \\ x_2 \end{pmatrix} = \mathfrak{A}^{-1}\mathfrak{b} = \frac{1}{\det \mathfrak{A}} \begin{pmatrix} a_{22} & -a_{12} \\ -a_{21} & a_{11} \end{pmatrix} \cdot \mathfrak{b} = \frac{1}{a_{11}a_{22} - a_{12}a_{21}} \begin{pmatrix} a_{22}b_1 - a_{12}b_2 \\ -a_{21}b_1 + a_{11}b_2 \end{pmatrix},$$

also $x_1 = \dfrac{a_{22}b_1 - a_{12}b_2}{a_{11}a_{22} - a_{12}a_{21}}$, $x_2 = \dfrac{a_{11}b_2 - a_{21}b_1}{a_{11}a_{22} - a_{12}a_{21}}$

Für den Spezialfall $m = n = 3$ siehe Band 513 dieser Reihe, S. 11!

5.8 Gaußsches Elim.-Verf.

Zur Lösung beliebiger Systeme beschreiben wir das sogenannte Gaußsche Eliminationsverfahren (= Gaußscher Algorithmus). Es beruht auf dem bekannten Sachverhalt, daß sich die Lösungsgesamtheit eines LGS nicht ändert, wenn

a) zwei Zeilen vertauscht werden oder
b) zu einer Zeile ein Vielfaches einer anderen Zeile addiert (subtrahiert) wird.

Solche Manipulationen brauchen sich bei ihrer konkreten Durchführung nicht in der jedesmal aufwendigen Niederschrift des ganzen Systems auszudrücken: es genügt, die Veränderungen an der (erweiterten) Koeffizientenmatrix $(\mathfrak{A},\mathfrak{b})$ sichtbar zu machen.

In einem 1. Schritt benutzen wir die 1. Zeile in 5.1, um in den Zeilen 2 bis m die Variable x_1 zu entfernen: wir subtrahieren dazu das $\frac{a_{21}}{a_{11}}$-fache der 1. Zeile von der 2., das $\frac{a_{31}}{a_{11}}$-fache der 1. Zeile von der 3. usf.. Dabei muß $a_{11} \neq 0$ vorausgesetzt werden, was aber durch geeignetes Vertauschen von Zeilen erreicht werden kann. Es ergibt sich somit folgender Übergang

$$(\mathfrak{A},\mathfrak{b}) = \left(\begin{array}{cccc|c} a_{11} & a_{12} & \cdots & a_{1n} & b_1 \\ a_{21} & a_{22} & \cdots & a_{2n} & b_2 \\ \vdots & & & \vdots & \vdots \\ a_{m1} & a_{m2} & \cdots & a_{mn} & b_m \end{array}\right) \longrightarrow (\mathfrak{A}',\mathfrak{b}') = \left(\begin{array}{cccc|c} a_{11} & a_{12} & \cdots & a_{1n} & b_1 \\ 0 & a'_{22} & \cdots & a'_{2n} & b'_2 \\ \vdots & \vdots & & \vdots & \vdots \\ 0 & a'_{m2} & \cdots & a'_{mn} & b'_m \end{array}\right),$$

"Restsystem"

wobei $a'_{ij} = a_{ij} - a_{1j} \cdot \dfrac{a_{i1}}{a_{11}}$, $b'_i = b_i - b_1 \cdot \dfrac{b_{i1}}{a_{11}}$ für $i, j > 1$.

In der gleichen Weise verfahren wir im 2. Schritt mit dem Restsystem:

$$(\mathfrak{A}',\mathfrak{b}') \rightarrow (\mathfrak{A}'',\mathfrak{b}'') = \left(\begin{array}{ccccc|c} a_{11} & a_{12} & a_{13} & \cdots & a_{1n} & b_1 \\ 0 & a'_{22} & a'_{23} & & a'_{2n} & b'_2 \\ 0 & 0 & a''_{33} & \cdots & a''_{3n} & b''_3 \\ \vdots & \vdots & \vdots & & \vdots & \vdots \\ 0 & 0 & a''_{m3} & \cdots & a''_{mn} & b''_m \end{array}\right).$$

Der Prozeß endet bei einer Matrix folgender Gestalt | 5.9 Endgestalt der umgeformten Matrix

$$(\mathfrak{A}^*, \mathfrak{b}^*) = \left(\begin{array}{cccccccc|c} c_{11} & c_{12} & \cdots & & c_{1r} & \cdots & & c_{1n} & d_1 \\ 0 & c_{22} & & & c_{2r} & \cdots & & c_{2n} & d_2 \\ 0 & 0 & c_{33} & & \vdots & & & & \vdots \\ \vdots & & & \ddots & \vdots & & & & \vdots \\ 0 & 0 & \cdots & 0 & c_{rr} & \cdots & & c_{rn} & d_r \\ 0 & 0 & \cdots & 0 & 0 & 0 & \cdots & 0 & d_{r+1} \\ \vdots & & & & & & & \vdots & \vdots \\ 0 & \cdots & & & & & \cdots & 0 & d_m \end{array}\right),$$

wobei die Diagonalelemente c_{ii} sämtlich $\neq 0$ sind. Ist einer der Werte $d_{r+1}, \ldots, d_m \neq 0$, dann ist das System natürlich n i c h t l ö s b a r (Rang A $\neq$ Rang $(A, \mathfrak{b})$).

Setzen wir also voraus, sie seien alle $= 0$. Es sind dann die Fälle $r = n$, $r < n$ zu unterscheiden.

1. $r = n$: Die letzten Gleichungen des Systems lauten | 5.10 Der Fall: Lösung eindeutig

$$\begin{array}{rcl} \vdots & & \vdots \\ c_{r-1,r-1}\, x_{r-1} + c_{r-1,r}\, x_r & = & d_{r-1} \\ c_{r,r}\, x_r & = & d_r \, . \end{array}$$

Wir berechnen x_n aus der letzten, der n-ten Gleichung und setzen diesen Wert in die vorletzte ein; aus ihr läßt sich dann x_{n-1} ermitteln und in die drittletzte einsetzen. In eindeutiger Weise gewinnt man durch Fortsetzung des Verfahrens (sog. Rücksubstitution) die einzige Lösung $\mathfrak{x}_0$ des Systems 5.1.

2. $r < n$: Diesmal lassen sich die letzten Gleichungen in der folgenden Form schreiben | 5.11 Der Fall: unendlich viele Lösungen

$$\begin{array}{rcl} \vdots & & \vdots \\ c_{r-1,r-1}\, x_{r-1} + c_{r-1,r}\, x_r & = & d_{r-1} - (c_{r-1,r+1}\, x_{r+1} + \ldots + c_{r-1,n}\, x_n) \\ c_{r,r}\, x_r & = & d_r - (c_{r,r+1}\, x_{r+1} + \ldots + c_{r,n}\, x_n) \, . \end{array}$$

Wählt man für $x_{r+1}, \ldots, x_n$ in beliebiger Weise feste Zahlen und setzt diese in die obigen Gleichungen ein, erhalten die rechten Seiten feste Zahlenwerte $d'_1, d'_2, \ldots, d'_{r-1}, d'_r$ und das im 1. Fall $(r = n)$ beschriebene Verfahren der Rücksubstitution liefert eine Lösung des Systems. Zur gleichzeitigen Beschreibung a l l e r (unendlich vielen!) Lösungen fassen wir daher die $x_{r+1}, \ldots, x_n$ als freie reelle Variablen auf und drücken, wieder wie im Fall 1 vorgehend, nacheinander $x_r, x_{r-1}, \ldots, x_1$ durch die $n - r$ Parameter $x_{r+1}, \ldots, x_n$ aus. Denken wir uns $x_1, \ldots, x_r$ durch die so gewonnenen Ausdrücke ersetzt, läßt sich die Lösungsgesamtheit $\mathbb{L}$ in der Form

5.12
Darstellung der Lösungsgesamtheit/ Parameter

$$\mathbb{L} = \left\{ \mathfrak{x} = \begin{pmatrix} x_1 \\ \vdots \\ x_r \\ x_{r+1} \\ \vdots \\ x_n \end{pmatrix} \in \mathbf{R}^n \mid x_{r+1}, \ldots, x_n \in \mathbf{R} \right\}$$

beschreiben. Man liest hieran insbesondere ab, daß

$$\dim(\{\mathfrak{x} \in \mathbf{R}^n \mid \mathfrak{A}\mathfrak{x} = \mathfrak{o}\}) = n - r \quad (\text{wobei } r = \text{Rang}\,\mathfrak{A}).$$

5.13
Definition der Determinante

Im Fall einer quadratischen Ausgangsmatrix $\mathfrak{A} = (\mathfrak{a}_1, \ldots, \mathfrak{a}_n)$ wird $\mathfrak{A}^*$ (→ 5.9) eine obere Dreiecksmatrix (→ 3.12).
Das Produkt der Diagonalelemente von $\mathfrak{A}^*$ nennt man, bis auf Vorzeichen, die Determinante von $\mathfrak{A}$;

Schreibweise: $\det \mathfrak{A}$ oder $|(a_{ik})_{i,k}|$.

5.14
Wann det = 0?

Es sind also äquivalent

1. $\det \mathfrak{A} = 0$
2. die Diagonale von $\mathfrak{A}^*$ enthält mindestens eine Null
3. $r < n$ (dabei $r = \text{Rang}\,\mathfrak{A}$)
4. die Zeilen (Spalten) von $\mathfrak{A}$ sind linear abhängig.

Ist aber $r = n$, so $\det \mathfrak{A} = (-1)^k \cdot c_{11} \cdot c_{22} \cdot \ldots \cdot c_{rr} \neq 0$, wobei k die Anzahl der Zeilenvertauschungen bedeutet, die auf dem Weg von $\mathfrak{A}$ zu $\mathfrak{A}^*$ erforderlich waren.

5.15
Multiplikationssatz für Determinanten

Für je zwei $n \times n$-Matrizen $\mathfrak{A}$, $\mathfrak{B}$ gilt der sogenannte Determinanten-Multiplikationssatz: $\det \mathfrak{A} \cdot \mathfrak{B} = \det \mathfrak{A} \cdot \det \mathfrak{B}$.

A 32 (Übung zu 5.1, 5.2)

Formen Sie die linearen Gleichungssysteme in Matrizenschreibweise um

a) $\begin{pmatrix} 1 \\ 2 \end{pmatrix} \cdot x = \begin{pmatrix} 1 - y \\ 2 + 3y \end{pmatrix}$

b) $\mathfrak{x} \circ \begin{pmatrix} 2 \\ 1 \end{pmatrix} = 3$ und $\mathfrak{x} \circ \begin{pmatrix} -3 \\ 7 \end{pmatrix} = 5$ für $\mathfrak{x} = \begin{pmatrix} x \\ y \end{pmatrix} \in \mathbf{R}^2$

c) $$\begin{aligned} 5x &= 3y - 6x + z \\ 1 &= -2y + x \\ x + y + z &= -x + 3y + 2 \end{aligned}$$

A 33 (Übung zu 5.4, 5.8)

Entscheiden Sie, ob das lineare Gleichungssystem $\mathfrak{A}\mathfrak{x} = \mathfrak{b}$ lösbar ist

a) $\begin{pmatrix} 1 & 2 \\ -1 & 5 \\ 3 & -1 \end{pmatrix} \cdot \mathfrak{x} = \begin{pmatrix} -14 \\ 7 \\ 7 \end{pmatrix}$ für $\mathfrak{x} \in \mathbf{R}^2$

b) $\begin{pmatrix} 1 & -1 & 5 \\ 2 & 0 & 4 \\ -3 & 1 & -9 \end{pmatrix} \cdot \mathfrak{x} = \begin{pmatrix} 1 \\ -2 \\ -4 \end{pmatrix}$ für $\mathfrak{x} \in \mathbf{R}^3$

c) $$\begin{aligned} x + y + az &= 1 \\ x + ay + z &= 1 \\ ax + y + z &= 1 \end{aligned}$$, a fest $\in \mathbf{R}$.

A 34 Lösen Sie die folgenden linearen Gleichungssysteme mit Hilfe der Cramer-Regel

a) $$\begin{aligned} -2x + y &= 7 \\ 5x + 13y &= -2 \end{aligned}$$

b) $\begin{pmatrix} 1 & 3 & 0 \\ -2 & -3 & 1 \\ -2 & -2 & 1 \end{pmatrix} \cdot \mathfrak{x} = \begin{pmatrix} 3 \\ 0 \\ 2 \end{pmatrix}$.

c) $$\begin{aligned} 4x + 2z &= 2 \\ 5x + 2y &= 1 \\ x - 2y + a \cdot z &= 3 \end{aligned}$$ für festes $a \in \mathbf{R}$, $a \neq 3$.

A 35 (Übung zu 5.8 - 5.12)

a) Lösen Sie dieses und das nachfolgende LGS mit Hilfe des Gaußschen Algorithmus (→5.8):

$$x \cdot \begin{pmatrix} -2 \\ 0 \\ 3 \end{pmatrix} + y \cdot \begin{pmatrix} 5 \\ -1 \\ 2 \end{pmatrix} + z \cdot \begin{pmatrix} -11 \\ 1 \\ 7 \end{pmatrix} = \begin{pmatrix} 0 \\ 0 \\ 0 \end{pmatrix}$$ (→ A 9 c), A 20 a))

b) $\begin{pmatrix} 5 & 2 & -4 \\ 10 & -6 & -6 \\ -35 & 16 & 22 \end{pmatrix} \cdot \mathfrak{x} = \begin{pmatrix} 1 \\ 0 \\ -1 \end{pmatrix}$

c) Bestimmen Sie die Inverse (→ 3.21) zu $\mathfrak{A} = \begin{pmatrix} 1 & 3 & 0 \\ -2 & -3 & 1 \\ -2 & -2 & 1 \end{pmatrix}$.

A 36 (Übung zu 5.8 - 5.12)

Welche Affinität A: $\mathbb{R}^2 \to \mathbb{R}^2$ überführt das Dreieck P(1|1), Q(4|2), R(3|4) in das Dreieck P'(5|7), Q'(15|15), R'(21|24) ?

A 37 (Übung zu 5.1 - 5.12)

a) Bestimmen Sie das zu den drei Ebenen

$$\left\{\mathfrak{x} \in \mathbf{R}^3 \,\middle|\, \begin{pmatrix} 5 \\ 2 \\ -4 \end{pmatrix} \circ \mathfrak{x} = 1\right\}, \quad \left\{\mathfrak{x} \in \mathbf{R}^3 \,\middle|\, \begin{pmatrix} 5 \\ -3 \\ -3 \end{pmatrix} \circ \mathfrak{x} = 0\right\}, \quad \left\{\mathfrak{x} \in \mathbf{R}^3 \,\middle|\, \begin{pmatrix} 35 \\ -16 \\ -22 \end{pmatrix} \circ \mathfrak{x} = 1\right\}$$

des $\mathbf{R}^3$ gehörige Schnittgebilde $\mathbb{L}$.

b) Die nebenstehende Abbildung zeigt ein Netzwerk (Straßen-, Abwasser-, Ader-, Stromnetz etc.), wobei Pfeile und Zahlen Flußrichtung und "Bewegungsdichte" (z.B. Autos pro Stunde) anzeigen.
Welche der inneren Bahnen (Straßen) ist am wenigsten, welche am stärksten (abgas-)belastet?

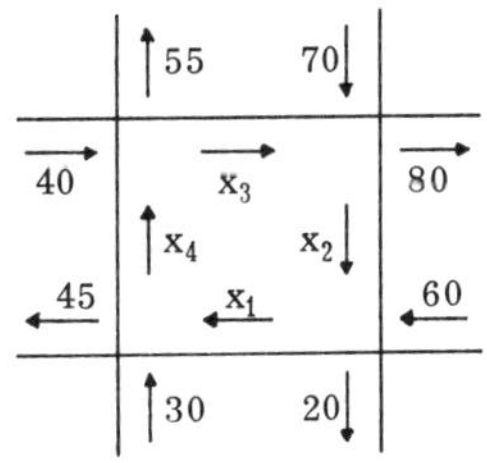

Abb. 21

c) Für einen Träger mit Mittenlast (Abb. 22) wurde an verschiedenen Stellen die Durchbiegung y in Abhängigkeit von der Entfernung zum linken Auflager sehr genau (!) gemessen (Auflagerabstand 50 m):

x [in m]	25	18,85	9	0
y [in cm]	12	11	6,2	0

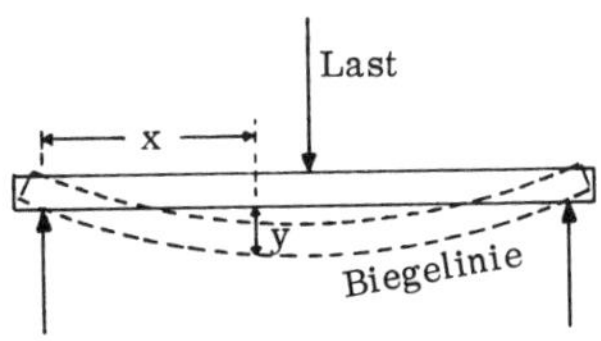

Abb. 22

Beschreiben Sie die Biegelinie im Bereich $0 \leq x \leq 25$ durch ein Polynom 3.Grades.

d) Zum Nachweis von Mangan wird die betr. Probelösung mit Kupfersulfat $CuSO_4$, Natronlauge NaOH und Bromwasser versetzt und erhitzt. Die entstehende Violettfärbung zeigt MnO_4^--Ionen an. Die Reaktion verläuft nach

$$x_1\,MnSO_4 + x_2\,Br_2 + x_3\,NaOH \longrightarrow x_4\,NaMnO_4 + x_5\,NaBr + x_6\,Na_2SO_4 + x_7\,H_2O\ .$$

Bestimmen Sie die Koeffizienten $x_1, \ldots, x_7$.

A 38 (Übung zu 5.13 - 5.15)

Seien $\mathfrak{A}$, $\mathfrak{B}$ reguläre ($\det \neq 0$) $n \times n$-Matrizen. Zeigen Sie

a) $\det \mathfrak{A}^{-1} = \dfrac{1}{\det \mathfrak{A}}$

b) $\det(\lambda \cdot \mathfrak{A}) = \lambda^n \cdot \det \mathfrak{A}$

c) Ist $c(\lambda) = \det(\lambda \mathfrak{E} - \mathfrak{A}) = 0$ die charakteristische Gleichung (→ 3.26) von $\mathfrak{A}$, so ist $c\left(\frac{1}{\lambda}\right) = 0$ diejenige von $\mathfrak{A}^{-1}$.

d) $\mathfrak{A} \cdot \mathfrak{B}$ und $\mathfrak{B} \cdot \mathfrak{A}$ haben dieselbe charakteristische Gleichung.

A 1 a) Ansatz: $(x-c)^2 + (y-d)^2 = r^2$. Es ist

$$r = \frac{d}{2} = 4\,, \quad c = 2 + r = 6\,, \quad d = 3 + r = 7\,,$$

folglich K: $(x-6)^2 + (y-7)^2 = 16$ bzw. $\left[\mathfrak{x} - \begin{pmatrix}6\\7\end{pmatrix}\right]^2 = 16$.

Bzgl. des gegebenen Punktes $P(8\,|\,10{,}5)$ hat man

$$(8-6)^2 + (10{,}5-7)^2 = 16{,}25 > r^2\ ;$$

P liegt also außerhalb von K .

b) Wir formen um gemäß 1.10:

$$\begin{aligned} x^2 - 6x \quad &+ \quad y^2 - 4y &&= 3 \qquad \mid +9+4 \\ (x^2 - 6x + 9) &+ (y^2 - 4y + 4) &&= 3 + 9 + 4 \\ (x-3)^2 \quad &+ \quad (y-2)^2 &&= 16 \end{aligned}$$

Mittelpunkt: $(3\,|\,2)$, Radius: 4

c) Der Mittelpunkt hat die Koordinaten $(r\,|\,4)$, sein Abstand d von $(6\,|\,2)$ ist demnach

$$d = \sqrt{(r-6)^2 + (4-2)^2} = 2\sqrt{2}\,, \quad (r-6)^2 + 4 = 8\,,$$

folglich $r = 8$ oder $r = 4$. Wir erhalten zwei Lösungen:

$$K_1:\ (x-8)^2 + (y-4)^2 = 64\,, \quad K_2:\ (x-4)^2 + (y-4)^2 = 16$$

d) 1.Methode: Einsetzen der Punktekoordinaten in die Kreisgleichung:

$$\begin{aligned} \text{I:}\quad & (-2-c)^2 + (6-d)^2 = r^2 \\ \text{II:}\quad & (\ 1-c)^2 + (5-d)^2 = r^2 \\ \text{III:}\quad & (\ 2-c)^2 + (4-d)^2 = r^2\ . \end{aligned}$$

Substraktion der einzelnen Gleichungen voneinander liefert:

(I - II): $6c - 2d + 14 = 0$. (II - III): $2c - 2d + 6 = 0$ und hieraus
$c = -2$, $d = 1$, durch Einsetzen in III: $r = 5$.
Die gesuchte Kreisgleichung lautet $(x+2)^2 + (y-1)^2 = 5^2$

2.Methode: Der Schnittpunkt der Mittelsenkrechten zu $\overline{RS}$ und $\overline{ST}$ ist der Kreismittelpunkt $(c\,|\,d)$.
Wir bezeichnen die Ortsvektoren zu M, R, S, T mit $\mathfrak{x}, \mathfrak{r}, \mathfrak{s}, \mathfrak{t}$ (Abb.23);
auf den Verbindungen

$$\overline{SR}:\ \mathfrak{r} - \mathfrak{s} = \begin{pmatrix}-3\\1\end{pmatrix}, \quad \overline{ST}:\ \mathfrak{t} - \mathfrak{s} = \begin{pmatrix}1\\-1\end{pmatrix}$$

stehen die Vektoren $\begin{pmatrix}1\\3\end{pmatrix}$, $\begin{pmatrix}1\\1\end{pmatrix}$ senkrecht, so daß sich die Mittelsenkrechten m_{SR} , m_{ST} in Parameterdarstellung ergeben zu

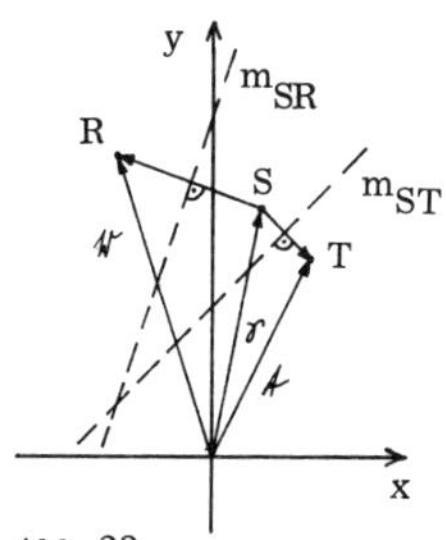

Abb.23

$$m_{SR}:\ \mathfrak{x} = \mathfrak{s} + \frac{1}{2}(\mathfrak{r} - \mathfrak{s}) + \lambda \cdot \begin{pmatrix}1\\3\end{pmatrix}$$

$$m_{ST}:\ \mathfrak{x} = \mathfrak{s} + \frac{1}{2}(\mathfrak{t} - \mathfrak{s}) + \mu \cdot \begin{pmatrix}1\\1\end{pmatrix}.$$

Gleichsetzung: $\frac{1}{2}\mathfrak{w} + \lambda\begin{pmatrix}1\\3\end{pmatrix} = \frac{1}{2}\mathfrak{s} + \mu\begin{pmatrix}1\\1\end{pmatrix}$ bzw.

$$\lambda\begin{pmatrix}1\\3\end{pmatrix} + \mu\begin{pmatrix}-1\\-1\end{pmatrix} = \frac{1}{2}(\mathfrak{s}-\mathfrak{w}) = \begin{pmatrix}2\\-1\end{pmatrix}.$$

Das lineare Gleichungssystem (→ Kap. 5) hat die Lösung $\lambda = -\frac{3}{2}$;
in die Gleichung für m_{SR} eingesetzt, ergibt sich

$$\mathfrak{t} = \mathfrak{r} + \frac{1}{2}(\mathfrak{w}-\mathfrak{r}) - \frac{3}{2}\cdot\begin{pmatrix}1\\3\end{pmatrix} = \begin{pmatrix}1\\5\end{pmatrix} + \frac{1}{2}\begin{pmatrix}-3\\1\end{pmatrix} - \frac{3}{2}\begin{pmatrix}1\\3\end{pmatrix} = \begin{pmatrix}-2\\1\end{pmatrix};$$

zuletzt: $r^2 = (\mathfrak{w} - \mathfrak{t})^2 = \left[\begin{pmatrix}-2\\6\end{pmatrix} - \begin{pmatrix}-2\\1\end{pmatrix}\right]^2 = \begin{pmatrix}0\\5\end{pmatrix}^2 = 25.$

e) Der Kreismittelpunkt $M(20\,|\,-15)$ hat von $(0\,|\,0)$ den Abstand $\sqrt{20^2+15^2} = 25$, die Kreisperipherie also den Abstand $25 - r = 19$.

Der gesuchte Minimalabstand der Mengen

$$K:\ (x-20)^2 + (y+15)^2 = 36\,, \qquad g:\ y = -2x - 10$$

voneinander herrsche zwischen den Punkten $A \in K$, $B \in g$ (Abb. 24).
Dann steht die Gerade $g^{\perp}$ durch A, B senkrecht auf g, hat also die Steigung

$$m = -\frac{1}{\text{Steigung von g}} = \frac{1}{2}.$$

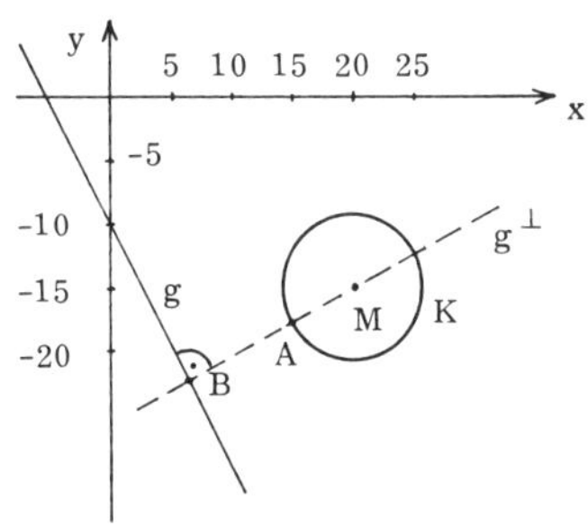

Abb. 24

Wegen $M(20\,|\,-15) \in g^{\perp}$ ergibt sich die Gleichung von $g^{\perp}$ (Punkt-Steigungsform) zu

$$\frac{y-(-15)}{x-20} = m = \frac{1}{2}\,, \text{ umgeformt:}$$

$$y = \frac{1}{2}x - 25.$$

Wir schneiden g mit $g^{\perp}$ $(g \cap g^{\perp} = \{B\})$:
$-2x - 10 = \frac{1}{2}x - 25$, $x = 6$, $y = -2\cdot 6 - 10 = -22$.

Also hat B die Koordinaten $(6\,|\,-22)$. Damit ist

$$|\overline{AB}| = |\overline{MB}| - r = \sqrt{(20-6)^2 + (-15+22)^2} - 6 = 7\cdot\sqrt{5} - 6 \approx 9{,}65.$$

f) Wir subtrahieren die beiden Kreisgleichungen voneinander:

$$\begin{aligned} x^2 - 24x + 144 + y^2 + 2y + 1 &= 289 \\ x^2 + 2x + 1 + y^2 - 4y + 4 &= 169 \quad | - \\ \hline -26x + 143 \qquad + 6y - 3 &= 120, \quad \text{einfacher} \end{aligned}$$

$y = \frac{13}{3}x - \frac{10}{3}$. Auf dieser Geraden (sog. Potenzlinie) liegen die beiden Schnittpunkte S_1, S_2; sie stellt also die S_1 mit S_2 verbindende Sehne dar. Wir setzen in eine der beiden Kreisgleichungen ein:

$(x+1)^2 + (\frac{13}{3}x - \frac{10}{3} - 2)^2 = 169 \quad | \cdot 9 \; ; \quad 9(x^2+2x+1) + (13x-16)^2 = 169 \cdot 9 \; ;$

$178x^2 - 398x - 1256 = 0 \, , \quad x^2 - \frac{199}{89}x - \frac{628}{89} = (x-4)\cdot(x + \frac{157}{89}) = 0.$

Einsetzen $x = 4$ in die Geradengleichung liefert $y = 14$, also $S_1\,(4|14)$.
Einsetzen $x = -\frac{157}{89}$ in die Geradengleichung liefert $y = -\frac{977}{89}$, also angenähert $S_2\,(-1{,}76|-10{,}98)$.

g) Wir setzen $\mathfrak{x} = \begin{pmatrix}1\\-5\\-8\end{pmatrix} + \lambda \cdot \begin{pmatrix}0\\1\\3\end{pmatrix}$ in die Kugelgleichung ein:

$$36 = \left[\begin{pmatrix}1\\-5\\-8\end{pmatrix} + \lambda\begin{pmatrix}0\\1\\3\end{pmatrix} - \begin{pmatrix}5\\2\\3\end{pmatrix}\right]^2 = \left[\lambda\begin{pmatrix}0\\1\\3\end{pmatrix} - \begin{pmatrix}4\\7\\11\end{pmatrix}\right]^2 = \lambda^2\cdot 10 - 2\cdot\lambda\cdot 40 + 186.$$

Die entstandene quadratische Gleichung $\lambda^2 - 8\lambda + 15 = 0$ hat die Lösungen $\lambda_1 = 3$, $\lambda_2 = 5$. Die Ortsvektoren zu den Durchstoßpunkten ergeben sich damit zu

$$\mathfrak{x}_1 = \begin{pmatrix}1\\-5\\-8\end{pmatrix} + \lambda_1\begin{pmatrix}0\\1\\3\end{pmatrix} = \begin{pmatrix}1\\-2\\1\end{pmatrix} , \qquad \mathfrak{x}_2 = \begin{pmatrix}1\\-5\\-8\end{pmatrix} + \lambda_2\begin{pmatrix}0\\1\\3\end{pmatrix} = \begin{pmatrix}1\\0\\7\end{pmatrix} .$$

Für die Länge der gesuchten Sehne erhalten wir

$$\left|\begin{pmatrix}1\\-2\\1\end{pmatrix} - \begin{pmatrix}1\\0\\7\end{pmatrix}\right| = \left|\begin{pmatrix}0\\-2\\-6\end{pmatrix}\right| = \sqrt{4+36} = 2\sqrt{10}.$$

h) Mit den Bezeichnungen $\mathfrak{n} = \begin{pmatrix}-1\\3\\1\end{pmatrix}$, $\mathfrak{m} = \begin{pmatrix}1\\3\\2\end{pmatrix}$ ist

$$E: \; \mathfrak{x}\circ\mathfrak{n} = 13, \qquad K: \; (\mathfrak{x} - \mathfrak{m})^2 = \frac{64}{11} \; ;$$

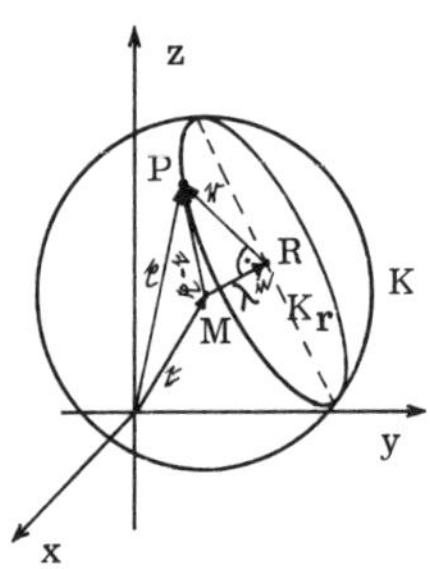

Abb. 25

dabei steht $\mathfrak{n}$ senkrecht auf E.
Sei K_r der gesuchte Kreis mit Radius r und Mittelpunkt R (Abb. 25). Die Strecke $\overline{MR}$ steht senkrecht auf K_r, folglich $\overrightarrow{MR} = \lambda\mathfrak{n}$ mit unbekanntem λ . Sei nun P ein beliebiger Peripheriepunkt von K_r mit Ortsvektor $\mathfrak{x}$ und $\mathfrak{r} = \overrightarrow{RP}$ (also $\mathfrak{r}\circ\mathfrak{n} = 0$). Dann ist

$$\lambda\mathfrak{n} + \mathfrak{r} = \mathfrak{x} - \mathfrak{m} \; ,$$

was durch Multiplikation mit $\mathfrak{n}$ übergeht in

$$11\lambda = \lambda\mathfrak{n}^2 = (\lambda\mathfrak{n}+\mathfrak{r})\circ\mathfrak{n} = (\mathfrak{p}-\mathfrak{t})\circ\mathfrak{n} = \mathfrak{p}\circ\mathfrak{n} - \mathfrak{t}\circ\mathfrak{n} = 13 - \begin{pmatrix}1\\3\\2\end{pmatrix}\circ\begin{pmatrix}-1\\3\\1\end{pmatrix} =$$

$$= 13 - 10 = 3\ ,\quad \lambda = \frac{3}{11}\ .\quad \text{Folglich wird}$$

$$r^2 = \mathfrak{r}^2 = [(\mathfrak{p}-\mathfrak{t}) - \lambda\mathfrak{n}]^2 = (\mathfrak{p}-\mathfrak{t})^2 - 2\lambda(\mathfrak{p}-\mathfrak{t})\circ\mathfrak{n} + \lambda^2\mathfrak{n}^2 =$$

$$= (\mathfrak{p}-\mathfrak{t})^2 - 2\lambda\cdot\lambda\mathfrak{n}^2 + \lambda^2\mathfrak{n}^2 = (\mathfrak{p}-\mathfrak{t})^2 - \lambda^2\mathfrak{n}^2 =$$

$$= \frac{64}{11} - \left(\frac{3}{11}\right)^2\cdot 11 = 5\ ,\quad r = \sqrt{5}\ .$$

A 2 a) Gesucht ist die Steigung der Tangente an den Kreis $x^2 + y^2 = 13^2$ im Punkt $(5|12)$. Die Tangentengleichung lautet nach 1.4 bzw. 1.5: $5x + 12y = 169$ bzw. $y = -\frac{5}{12}x + \frac{169}{12}$. Die betreffende Ableitung hat demnach den Wert $-\frac{5}{12}$, die x-Achse wird in $x_0 = \frac{169}{5}$, die y-Achse in $\frac{169}{12}$ geschnitten.

b) Die Polarengleichung lautet $3x + 6y = 36$, d.h. $y = -\frac{1}{2}x + 6$. Wir setzen in die Kreisgleichung ein:

$$x^2 + (-\tfrac{1}{2}x + 6)^2 = 36\ ,\quad 5x^2 - 24x = 0\ ,\quad x = 0 \text{ oder } x = \frac{24}{5}\ .$$

Die Polare durchstößt den Kreis also in den Punkten $(0|6)$, $\left(\frac{24}{5}\,\middle|\,\frac{18}{5}\right)$.

c) Wir fassen den gesuchten "Treffpunkt" $(u|v)$ als Pol bzgl. K auf; dann ist g die zugehörige Polare, läßt sich nach 1.5 folglich auf die Form

$$g:\ (u+4)(x+4) + (v-6)(y-6) = 26^2$$

bringen. Der zweite Summand verschwindet für $y = 6 = -14{,}5x + 117$; wir setzen also $x = \frac{117-6}{14{,}5} = \frac{111}{14{,}5}$ ein und erhalten

$$(u+4)\cdot\left(\frac{111}{14{,}5} + 4\right)^2 = 26^2\ ,\quad u = 54.$$

Der erste Summand verschwindet für $x = -4$ und $y = -14{,}5\cdot(-4) + 117 = 175$: $(v-6)(175-6) = 26^2$, $v = 10$.

d) Nach A 1f) schneiden sich die beiden Kreise (u.a.) im Punkt $S(4|14)$.

Die Radiusvektoren zu S, $\begin{pmatrix}4\\14\end{pmatrix} - \begin{pmatrix}12\\-1\end{pmatrix} = \begin{pmatrix}-8\\15\end{pmatrix}$, $\begin{pmatrix}4\\14\end{pmatrix} - \begin{pmatrix}-1\\2\end{pmatrix} = \begin{pmatrix}5\\12\end{pmatrix}$

schließen den gleichen Winkel α ein wie die Tangenten in S. Daher

$$\cos\alpha = \frac{\begin{pmatrix}-8\\15\end{pmatrix}\circ\begin{pmatrix}5\\12\end{pmatrix}}{\left|\begin{pmatrix}-8\\15\end{pmatrix}\right|\cdot\left|\begin{pmatrix}5\\12\end{pmatrix}\right|} = \frac{140}{17\cdot 13}\ ,\quad \alpha \approx 50{,}7^0\ .$$

Die beiden Kreise (mit Mittelpunkten M_1, M_2) schneiden sich rechtwinklig in S genau dann, wenn das Dreieck M_1, M_2, S rechtwinklig ist, d.h. (Pythagoras!)

$$r^2 + 13^2 = |\overline{M_1S}|^2 + |\overline{M_2S}|^2 = |\overline{M_1M_2}|^2 = \left|\begin{pmatrix}12\\-1\end{pmatrix} - \begin{pmatrix}-1\\2\end{pmatrix}\right|^2 = 169 + 9\ ;$$

also $r = 3$.

e) Wir denken uns K_2 aus K_1 durch zentrische Streckung (→ 4.11, A 25 c), A 26) hervorgegangen; der gesuchte Pol S, Ortsvektor $\mathfrak{x}_F$, ist dabei das Streckzentrum (Abb. 26).

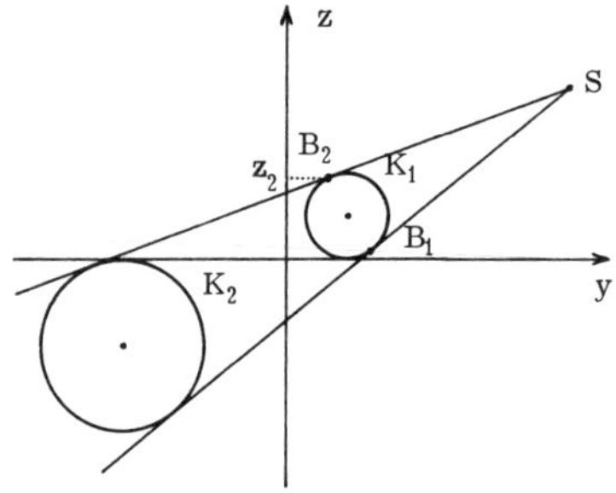

Abb. 26

Die Abbildungsvorschrift $\mathfrak{x} \to \mathfrak{x}'$ lautet

$$\mathfrak{x}' - \mathfrak{x}_F = \frac{r_2}{r_1} (\mathfrak{x} - \mathfrak{x}_F), \quad \frac{r_2}{r_1} = \text{Streckfaktor},$$

also $$\mathfrak{x}_F = \frac{r_2 \mathfrak{x} - r_1 \mathfrak{x}'}{r_2 - r_1} .$$

Ein spezielles Paar $(\mathfrak{x}, \mathfrak{x}')$ bilden in unserem Fall die Vektoren zu den Kugelmittelpunkten:

$$\mathfrak{x} = \begin{pmatrix} 0 \\ 3 \\ 2 \end{pmatrix}, \quad \mathfrak{x}' = \begin{pmatrix} 0 \\ -8 \\ -4 \end{pmatrix}, \quad \text{folglich} \quad \mathfrak{x}_F = \begin{pmatrix} 0 \\ 14 \\ 8 \end{pmatrix}, \qquad S(0|14|8).$$

Die Polarebene bzgl. K_1 ergibt sich zu $\begin{pmatrix} 0 \\ 11 \\ 6 \end{pmatrix} \circ \left[\mathfrak{x} - \begin{pmatrix} 0 \\ 3 \\ 2 \end{pmatrix} \right] = 4$ bzw.

I: $11(y-3) + 6(z-2) = 4$.

Wir schneiden sie in der y - z-Ebene mit K_1:

II: $(y-3)^2 + (z-2)^2 = 4$

Einsetzen von I in II liefert für y die Gleichung $157 y^2 - 1030 y + 1549 = 0$ mit den Lösungen

$$y_{1|2} = \frac{515 \pm 36 \cdot \sqrt{17}}{157}, \qquad \text{also} \quad z_{1|2} = 2 \cdot \frac{169 \mp 33 \cdot \sqrt{17}}{157} .$$

Mit $\mathfrak{x}_{1|2} = \begin{pmatrix} 0 \\ y_{1|2} \\ z_{1|2} \end{pmatrix}$ (Ortsvektoren zu den Berührpunkten B_1, B_2) ist

$$\mathfrak{x} = \begin{pmatrix} 0 \\ 14 \\ 8 \end{pmatrix} + \lambda \cdot \left[\mathfrak{x}_{1|2} - \begin{pmatrix} 0 \\ 14 \\ 8 \end{pmatrix} \right]$$

eine Parameterdarstellung der Geraden durch S und B_1 bzw. B_2. Um die Spurpunkte dieser beiden Geraden auf der y-Achse zu erhalten, setzen wir hierin die z-Komponente = 0 und gewinnen die Gleichung $0 = 8 + \lambda (z_{1|2} - 8)$, umgeformt $\lambda = \frac{3}{2} \pm \frac{11 \cdot \sqrt{17}}{102}$; die y-Komponente liefert bei dieser Einsetzung die gesuchten Schnittwerte

$$14 + \lambda (y_{1|2} - 14) = \frac{1}{2} (-5 \pm 3\sqrt{17}) .$$

f) Wir notieren vorab die erforderlichen Gleichungen:

Kugel: $[\mathfrak{x} - \mathfrak{z}]^2 = r^2$ mit $\mathfrak{z} = \begin{pmatrix} -4 \\ -2 \\ 13 \end{pmatrix}$, $r = 26$; $\mathfrak{x}_0$ = Ortsvektor zu $P_0 \in K$.

Tangentialebene TE: $(\mathfrak{x}_0 - \mathfrak{z})(\mathfrak{x} - \mathfrak{z}) = r^2$; $\mathfrak{y}$ = Ortsvektor zu $P \in TE$,

insbesondere $$2 \cdot \begin{pmatrix} 4 \\ -3 \\ -12 \end{pmatrix} \circ (\mathfrak{y} - \mathfrak{z}) = r^2 .$$

Polarebene PE bzgl. K zum Pol $P \in TE$: $(\mathfrak{y} - \mathfrak{z})(\mathfrak{x} - \mathfrak{z}) = r^2$;

$(\mathfrak{y} - \mathfrak{z})$ steht dabei senkrecht auf PE.

Der Ortsvektor $\mathfrak{m}$ zu M(P) läßt sich schreiben in der Form

$$\mathfrak{m} = \mathfrak{z} + \lambda \cdot (\mathfrak{y} - \mathfrak{z}).$$

Zur Berechnung von λ beachten wir, daß $M(P) \in PE$, also $(\mathfrak{y} - \mathfrak{z}) \circ (\mathfrak{m} - \mathfrak{z}) = r^2$, nach Einsetzung von $\mathfrak{m}$

$$(\mathfrak{y} - \mathfrak{z}) \circ \lambda \cdot (\mathfrak{y} - \mathfrak{z}) = r^2, \quad \lambda = \frac{r^2}{(\mathfrak{y} - \mathfrak{z})^2} .$$

Wir vermuten nach Betrachtung von Abb.27:

$\{M(P) \mid P \in TE\}$ = Kugel durch P_0 und M mit Radius $\frac{r}{2}$ (bis auf den Gegenpunkt zu P_0 auf K).

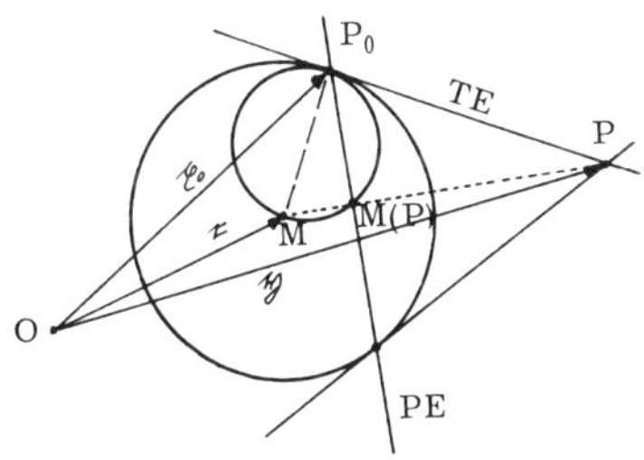

Abb. 27

Dies würde bedeuten:

$$\left[\mathfrak{m} - (\mathfrak{z} + \frac{1}{2}(\mathfrak{x}_0 - \mathfrak{z}))\right]^2 = \left[\mathfrak{m} - \begin{pmatrix} 0 \\ -5 \\ 1 \end{pmatrix}\right]^2 = \left(\frac{r}{2}\right)^2 = 13^2.$$

Tatsächlich wird

$$\left[\mathfrak{m} - \begin{pmatrix} 0 \\ -5 \\ 1 \end{pmatrix}\right]^2 = \left[\frac{r^2}{(\mathfrak{y} - \mathfrak{z})^2}(\mathfrak{y} - \mathfrak{z}) + \begin{pmatrix} -4 \\ 3 \\ 12 \end{pmatrix}\right]^2 = \frac{r^4}{(\mathfrak{y} - \mathfrak{z})^2} + 2 \cdot \frac{r^2}{(\mathfrak{y} - \mathfrak{z})^2} \cdot \underbrace{(\mathfrak{y} - \mathfrak{z}) \circ \begin{pmatrix} -4 \\ 3 \\ 12 \end{pmatrix}}_{= -\frac{1}{2} r^2 \text{ (s.o.!)}} + 169$$

$$= 13^2.$$

A 3 a) I: Im Sinne von 1.8, 1.9 ist $A = 1$, $B = -4$, also $A \neq B$ und $A \cdot B < 0$: Hyperbel!
Wir formen um:

$$(x^2 + 4x + 4) - 4 \cdot (y^2 - 2y + 1) = 4, \quad (x + 2)^2 - 4 \cdot (y - 1)^2 = 4,$$

$$\frac{(x + 2)^2}{4} - \frac{(y - 1)^2}{1} = 1$$

II: Es ist $A = 9$, $B = 16$, also $A \neq B$ und $A \cdot B > 0$: Ellipse!
$9(x^2 - 2x + 1) + 16(y^2 - 6y + 9) = 16 \cdot 9$,

$$\frac{(x-1)^2}{16} + \frac{(y-3)^2}{9} = 1$$

III: Es ist $A = 0$, $B = 1$, also $A \neq B$ und $A \cdot B = 0$: Parabel!
$y^2 - 2y + 1 = 4x - 8$, $(y-1)^2 = 4(x-2)$.

b) Die x-Achse ist nach Voraussetzung Tangente, wegen $\frac{2}{13} > 0$ "liegt" E auf ihr, genauer: $c = 5$, $d = b$.

Durch Einsetzen von $x = 0$, $y = \frac{2}{13}$ in die Gleichung

$$\frac{(x-5)^2}{a^2} + \frac{(y-b)^2}{b^2} = 1 \quad \text{wird} \quad \frac{25}{a^2} + \frac{\left(\frac{2}{13} - b\right)^2}{b^2} = 1,$$

$4225\,b^2 + 4a^2 - 52a^2b = 0$. Nun ist noch

$$\frac{e^2}{a^2} = \frac{165}{169}, \quad e^2 = a^2 - b^2 = a^2 \cdot \frac{165}{169}, \quad a^2 \cdot \frac{4}{169} = b^2, \quad 2a = 13b,$$

also zusammen $4225\,b^2 + (13b)^2 - 13 \cdot (13b)^2 \cdot b = 0$, $b = 2$.

Die gesuchte Ellipsengleichung lautet $\frac{(x-5)^2}{13^2} + \frac{(y-2)^2}{2^2} = 1$.

c) Der "Mittelpunkt" $(c|d)$ der Hyperbel H liegt auf der angegebenen Asymptoten (⟶ Abb. 7), d.h. $d = 0{,}4 \cdot (c+1)$. Weiter ist, ebenfalls an Abb.7 ablesbar:
$\frac{b}{a}$ = Steigung der Asymptoten = 0,4.
Die Bedingung, daß H durch den Ursprung verläuft, besagt nach 1.11: $\frac{c^2}{a^2} - \frac{d^2}{b^2} = 1$.
Die Steigung von H in $(0|0)$ ermitteln wir per Differentiation (Kettenregel!)

$$\frac{2(x-c)}{a^2} - \frac{2(y-d) \cdot y'}{b^2} = 0, \quad \frac{y'(y-d)}{b^2} = \frac{x-c}{a^2}, \quad y'(0) = \frac{b^2 c}{a^2 d} = \frac{13}{30}.$$

Wir fassen die gewonnenen Bestimmungsgleichungen zusammen:

I: $d = 0{,}4\,(c+1)$ II: $\frac{b}{a} = 0{,}4$ III: $\frac{c^2}{a^2} - \frac{d^2}{b^2} = 1$ [bzw. nach Multiplikation mit $\frac{b^2}{c^2}$: $\left(\frac{b}{a}\right)^2 - \left(\frac{d}{c}\right)^2 = \left(\frac{b}{c}\right)^2$] IV: $\left(\frac{b}{a}\right)^2 \cdot \frac{c}{d} = \frac{13}{30}$.

Einsetzen II in IV: $\frac{c}{d} = \frac{13}{30} \cdot \left(\frac{5}{2}\right)^2 = \frac{65}{24}$; dies in I eingesetzt:

$$d = \frac{2}{5}\left(\frac{65}{24} \cdot d + 1\right), \quad d = -\frac{24}{5} = -4{,}8, \quad \text{folglich } c = -13.$$

Jetzt aus III: $\left(\frac{2}{5}\right)^2 - \left(\frac{24}{65}\right)^2 = \frac{b^2}{169}$, $b = 2$, $a = 5$.

Die gesuchte Hyperbel hat die Gleichung $\frac{(x+13)^2}{25} - \frac{(y+4{,}8)}{4} = 1$.

A 4 a) Nach den Abbildungen 13 und 28 ist $\frac{p}{2} = 30$ (bzw. 30,15), folglich durch $y^2 = 2px = 120x$ (bzw. 120,6x) die Querschnittsform des Spiegels beschrieben. Durch Einsetzung $y = 50$ erhalten wir das gewünschte Verformungsmaß

$$\triangle x = \frac{50^2}{120} - \frac{50^2}{120{,}6} \approx 20{,}8 - 20{,}7 = 0{,}1 \quad (10 \text{ cm})$$

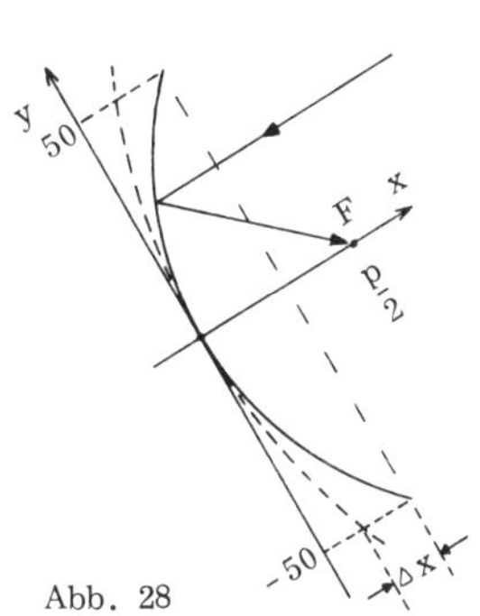

Abb. 28

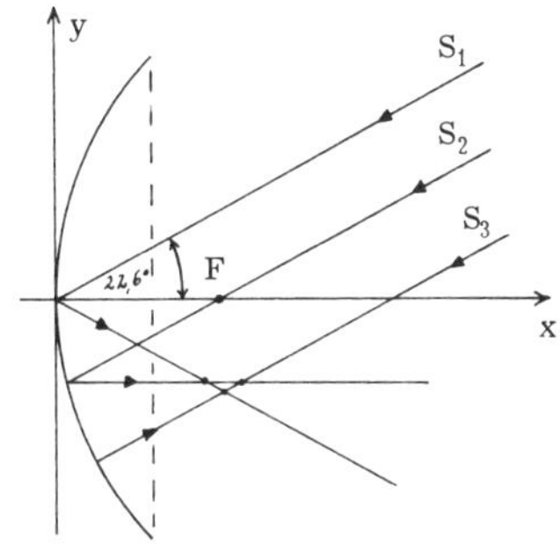

Abb. 29

b) Wir wählen drei spezielle Strahlen S_1, S_2, S_3 aus (Abb.29):
S_1 trifft in der Mitte des Spiegels (Parabolscheitel) auf; der reflektierte Strahl S_1' liegt dann auf $y = -\frac{5}{12}x$.
S_2 verläuft durch den Brennpunkt F, wird also parallel zur Achse reflektiert ($\longrightarrow$ 1.19, Abb.14): Wir schneiden

$$S_2 : \; y = \frac{5}{12}\left(x - \frac{p}{2}\right) \quad \text{mit der Parabel} \quad y^2 = 2\,px$$

und erhalten als Schnittpunktabstand von der x-Achse den Wert $\frac{p}{5} = 12$.
S_3 fällt senkrecht auf den Spiegel, wird folglich in sich reflektiert. Die Tangentensteigung $y'(x_0)$ hat im gesuchten Auftreffpunkt (x_0, y_0) den Wert

$$-\frac{1}{\frac{5}{12}} : \; y'(x_0) = \frac{p}{y_0} = -\frac{12}{5}, \quad y_0 = -25, \quad x_0 = \frac{125}{24}.$$

S_3 (= S_3') liegt damit auf der Geraden $y = \frac{5}{12}x - \frac{1}{2}\left[50 + \left(\frac{25}{12}\right)^2\right]$ und schneidet S_1' im Abstand $\frac{1}{4}\left[50 + \left(\frac{25}{12}\right)^2\right] = 13{,}585$ ($\neq 12$!) von der x-Achse.

A 5 Vorbemerkung: Die affine Transformation ($\longrightarrow$ 4.5) $x' = x$, $y' = \frac{b}{a} y$, in Matrizenschreibweise $\mathfrak{x}' = \begin{pmatrix} 1 & 0 \\ 0 & \frac{b}{a} \end{pmatrix} \cdot \mathfrak{x}$, überführt, wie Sie leicht selber zeigen können, den Kreis K: $x^2 + y^2 = a^2$ in die Ellipse E: $\left(\frac{x}{a}\right)^2 + \left(\frac{y}{b}\right)^2 = 1$, die Tangente $ux + vy = a^2$ an K im Punkt $(u|v)$ in die Tangente $\frac{u'x}{a^2} + \frac{v'y}{b^2} = 1$ an E im Punkt (u', v').

a) Wir berechnen zunächst die Koordinaten $(u|v)$ von P: $u = e = \sqrt{13^2 - 5^2} = 12$; $v = p = \frac{25}{13}$ ($\rightarrow$ 1.13, Abb.8), also $P(12|\frac{25}{13})$. Die Tangente in P hat die Gleichung $\frac{ux}{169} + \frac{vy}{25} = 1$ bzw. $y = -\frac{12}{13}x + 13$, schneidet die y-Achse also in $T(0|13)$, dem "Nordpol" des Hauptkreises (Abb. 30). Dementsprechend hat die Normale in P die Steigung $\frac{13}{12}$,

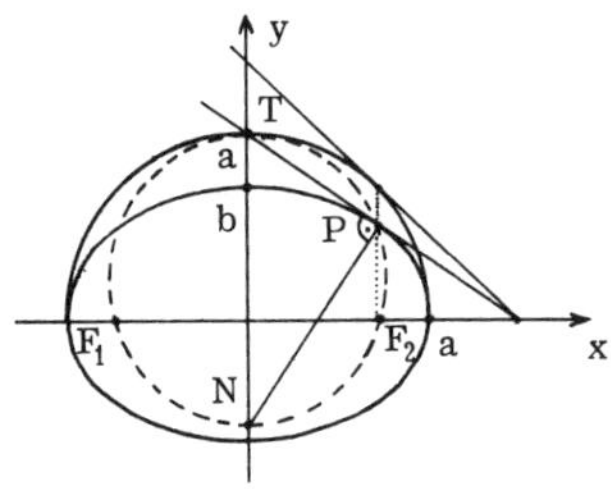

Abb. 30

folglich die Gleichung $\frac{y - \frac{25}{13}}{x - 12} = \frac{13}{12}$, $y = \frac{13}{12}x - \frac{144}{13}$ und damit $N(0|-\frac{144}{13})$.

Wir stellen zusammen:

$F_1(-12|0)$, $T(0|13)$, $P(12|\frac{25}{13})$, $F_2(12|0)$, $N(0|-\frac{144}{13})$.

Der Mittelpunkt des gesuchten Kreises durch die genannten Punkte liegt auf den Mittelsenkrechten zu $\overline{F_1F_2}$ und $\overline{F_2P}$, d.h.: $c = 0$, $d = \frac{\frac{25}{13}}{2}$, $M(0|\frac{25}{26})$.

Sein Radius r berechnet sich aus $r = |\overline{MT}| = 13 - \frac{25}{26}$.

Die Kreisgleichung wird daher

$$x^2 + \left(y - \frac{25}{26}\right)^2 = \left(\frac{313}{26}\right)^2$$

und man überzeugt sich sofort davon, daß alle genannten Punkte tatsächlich auf diesem Kreis liegen.

b) Seien α, β die Winkel bei P in Abb. 31. Der Satz vom konstanten Peripheriewinkel über einer Kreissehne besagt, daß der Winkel α' bei F_1 über der Sehne $\overline{NF_2}$ gleich ist dem Winkel α bei P, analog $\beta' = \beta$. Aus Symmetriegründen ist aber $\alpha' = \beta'$.

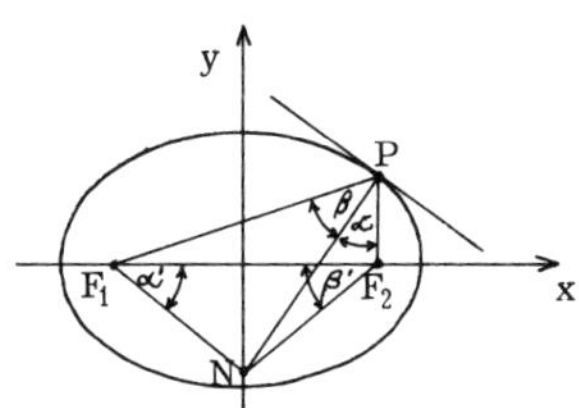

Abb. 31

A 6 Das Radienverhältnis ist zugleich das Übersetzungsverhältnis, d.h.: dreht sich das große Rad um den Winkel α, so das kleine um 2α ($|\alpha| < 60^0$!).
Sei $2d$ die Entfernung der Radmittelpunkte M_1, M_2.
In den beiden durch α bzw. 2α bestimmten rechtwinkligen Dreiecken (Abb. 32) ist

$$(d+x)\cdot\tan\alpha = y = (d-x)\cdot\tan 2\alpha$$

Mit $m = \tan\alpha$ ist (Formelsammlung!)

$$\tan 2\alpha = \frac{2\tan\alpha}{1-\tan^2\alpha} = \frac{2m}{1-m^2}\ ,$$

folglich $(d+x)\cdot m = (d-x)\cdot\dfrac{2m}{1-m^2}$,

hieraus $(1-m^2)(d+x) = 2(d-x)$ (jetzt auch gültig für $m = 1$!), $m^2 = \dfrac{3x-d}{x+d}$.

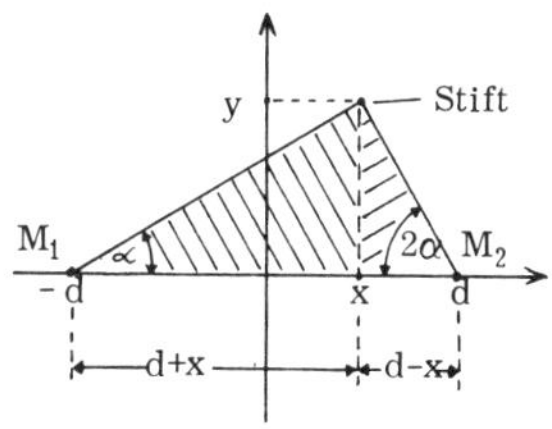

Abb. 32

Also wird $y^2 = (x+d)^2\cdot m^2 = (x+d)(3x-d)$, $3x^2 + 2dx - y^2 = d^2$,
nach quadratischer Ergänzung (→ 1.10)

$$3\left(x^2+2\cdot\frac{d}{3}x+\frac{d^2}{9}\right) - y^2 = d^2 + 3\cdot\frac{d^2}{9}\ ,\qquad \frac{\left(x+\frac{d}{3}\right)^2}{\left(\frac{2d}{3}\right)^2} - \frac{y^2}{\left(\frac{2d}{3}\sqrt{3}\right)^2} = 1\ .$$

Die zugehörige Scheitelgleichung dieser Hyperbel lautet übrigens, wie man leicht nachrechnet: $y^2 = 4dx + 3x^2$.

A 7 Gelöst in A 31! - Es handelt sich um die um $-53{,}13^0$ um den Nullpunkt gedrehte Ellipse mit Mittelpunkt $(1|2)$, $a = 3$, $b = 2$.

A 8 Wir formen die Gleichungen äquivalent um:

a) $\mathfrak{a} + (\mathfrak{x} - \mathfrak{a}) = 2\mathfrak{x} - \mathfrak{a}$, $\mathfrak{x} = 2\mathfrak{x} - \mathfrak{a}$, $\mathfrak{x} = \mathfrak{a}$

b) $\mathfrak{a} + 2\mathfrak{b} - \mathfrak{x} = 2\mathfrak{x} + 3(\mathfrak{x} - \mathfrak{b}) - (\mathfrak{b} - \mathfrak{x})$, $\mathfrak{a} + 2\mathfrak{b} - \mathfrak{x} = 2\mathfrak{x} + 4(\mathfrak{x} - \mathfrak{b})$,
$7\mathfrak{x} = \mathfrak{a} + 6\mathfrak{b}$, $\mathfrak{x} = \frac{1}{7}(\mathfrak{a} + 6\mathfrak{b})$

c) $\mathfrak{a}(\lambda - 15) + 3\mathfrak{x} = 6\cdot(3\mathfrak{x}) - \lambda\mathfrak{x}$, $-\mathfrak{a}(15-\lambda) = -3\mathfrak{x} + 18\mathfrak{x} - \lambda\mathfrak{x} =$
$= (15-\lambda)\mathfrak{x}$. Ist $\lambda = 15$, so $\mathfrak{x}$ beliebig; für $\lambda \neq 15$ hat man $\mathfrak{x} = -\mathfrak{a}$.

d) $\mathfrak{x} = 0{,}5\cdot(\mathfrak{a} + \mathfrak{b})$ und $\mathfrak{a} + 2\mathfrak{x} = \mathfrak{b}$, $2\mathfrak{x} = \mathfrak{b} + \mathfrak{a}$ und $2\mathfrak{x} = \mathfrak{b} - \mathfrak{a}$,
$4\mathfrak{x} = 2\mathfrak{x} + 2\mathfrak{x} = (\mathfrak{b} + \mathfrak{a}) + (\mathfrak{b} - \mathfrak{a}) = 2\mathfrak{b}$, $\mathfrak{x} = \frac{1}{2}\mathfrak{b}$.

A 9 a) Linear abhängig! - Mehr als drei Vektoren im $\mathbb{R}^3$ sind stets linear abhängig (→ 2.10).

b) Linear unabhängig! Zum Nachweis benutzen wir 5.13: Die obigen Vektoren sind genau dann linear abhängig, wenn die aus ihnen gebildete Determinante D gleich Null ist. Zu ihrer Berechnung werden wir die zum Gauß-Verfahren 5.8 verwendeten Zeilenumformungen zwischenschalten:

$$D = \begin{vmatrix} 1 & 2 & 6 \\ 2 & -1 & 1 \\ 3 & 5 & -1 \end{vmatrix} = \begin{vmatrix} 1 & 2 & 6 \\ 0 & -5 & -11 \\ 0 & -1 & -19 \end{vmatrix} = \begin{vmatrix} 1 & 2 & 6 \\ 0 & -5 & -11 \\ 0 & 0 & -19-(-\frac{11}{5}) \end{vmatrix} = 1\cdot(-5)\cdot(\frac{11}{5} - 19) = 84 \ (\neq 0!)$$

c) Linear abhängig! - Wir könnten wieder wie in b) verfahren, wollen aber das Ergebnis aus A 34 a) verwenden: Das lineare Gleichungssystem

$$x \cdot \begin{pmatrix} -2 \\ 0 \\ 3 \end{pmatrix} + y \cdot \begin{pmatrix} 5 \\ -1 \\ 2 \end{pmatrix} + z \cdot \begin{pmatrix} -11 \\ 1 \\ 7 \end{pmatrix} = \begin{pmatrix} 0 \\ 0 \\ 0 \end{pmatrix} .$$

hat den Lösungsraum (→ 5.5) $\mathbb{L} = \{\lambda \cdot \begin{pmatrix} -3 \\ 1 \\ 1 \end{pmatrix} \mid \lambda \in \mathbb{R}\}$.

Wir wählen am einfachsten $\lambda = 1$:

$$-3 \cdot \begin{pmatrix} -2 \\ 0 \\ 3 \end{pmatrix} + 1 \cdot \begin{pmatrix} 5 \\ -1 \\ 2 \end{pmatrix} + 1 \cdot \begin{pmatrix} -11 \\ 1 \\ 7 \end{pmatrix} = \begin{pmatrix} 0 \\ 0 \\ 0 \end{pmatrix} .$$

Die Behauptung folgt nun gemäß 2.8.

d) Das System ist linear abhängig, da es den Nullvektor enthält.

e) Linear unabhängig! Sei nämlich $\lambda(\mathfrak{a} + 3\mathfrak{b}) + \mu(\mathfrak{b} + 2\mathfrak{c}) + \nu \cdot \mathfrak{c} = \mathfrak{o}$.
Wir multiplizieren aus und ordnen nach $\mathfrak{a}, \mathfrak{b}, \mathfrak{c}$:
$\lambda\mathfrak{a} + (3\lambda + \mu)\mathfrak{b} + (2\mu + \nu)\mathfrak{c} = \mathfrak{o}$
Aus der linearen Unabhängigkeit von $\mathfrak{a}, \mathfrak{b}, \mathfrak{c}$ folgt $\lambda = 0$, $3\lambda + \mu = 0$, $2\mu + \nu = 0$, zuletzt also $\lambda = \mu = \nu = 0$.

A 10 Es ist die Gültigkeit der Vektorraum-Axiome 2.2 einzeln zu überprüfen (ein meist ebenso einfaches wie langweiliges Geschäft!)

a) Sei $\mathfrak{A} = (a_{ik})$, $\mathfrak{B} = (b_{ik})$, $\mathfrak{C} = (c_{ik})$, $\mathfrak{X} = (x_{ik}) \in M_{m,n}$, $\lambda, \mu \in \mathbb{R}$.
Nach 3.14 sind $\mathfrak{A} + \mathfrak{B}$, $\lambda\mathfrak{A}$ wieder $\in M_{m,n}$. Ferner $\mathfrak{A} + \mathfrak{B} = (a_{ik}) + (b_{ik}) = (a_{ik} + b_{ik}) = (b_{ik} + a_{ik}) = (b_{ik}) + (a_{ik}) = \mathfrak{B} + \mathfrak{A}$, $(\mathfrak{A}+\mathfrak{B}) + \mathfrak{C} = (a_{ik} + b_{ik}) + (c_{ik}) = (a_{ik} + b_{ik} + c_{ik}) = (a_{ik}) + (b_{ik} + c_{ik}) = \mathfrak{A} + (\mathfrak{B} + \mathfrak{C})$.

Die Gleichung $\mathfrak{A} = \mathfrak{X} + \mathfrak{B}$ lautet unter Anschreibung der Matrixelemente

$(a_{ik}) = (x_{ik} + b_{ik})$, also $a_{ik} = x_{ik} + b_{ik}$ für alle i, k mit $1 \leq i \leq m$, $1 \leq k \leq n$, d.h. $\mathfrak{X} = (a_{ik} - b_{ik})$.

$1\cdot\mathfrak{A} = 1\cdot(a_{ik}) = (1\cdot a_{ik}) = \mathfrak{A}$
$\lambda\cdot(\mathfrak{A}+\mathfrak{B}) = \lambda(a_{ik} + b_{ik}) = (\lambda\cdot[a_{ik} + b_{ik}]) = (\lambda a_{ik} + \lambda b_{ik}) = (\lambda a_{ik}) + (\lambda b_{ik}) =$
$= \lambda(a_{ik}) + \lambda(b_{ik}) = \lambda\mathfrak{A} + \lambda\mathfrak{B}$
$(\lambda + \mu)\cdot\mathfrak{A} = ([\lambda + \mu]\cdot a_{ik}) = (\lambda a_{ik} + \mu a_{ik}) = \lambda\cdot\mathfrak{A} + \mu\cdot\mathfrak{A}$
$\lambda(\mu\mathfrak{A}) = \lambda(\mu a_{ik}) = (\lambda\mu a_{ik}) = \lambda\mu(a_{ik}) = \lambda\mu\mathfrak{A}$

b) Die Überprüfung gestaltet sich haargenau wie in Aufgabenteil a); der einzige Unterschied: (a_{ik}), (b_{ik}), ... (Matrizen!) sind durch (a_k), (b_k), ... (Folgen!) zu ersetzen.

c) Sei noch $h \in C(\mathbb{R})$, $\mu \in \mathbb{R}$. Wir überprüfen wieder gemäß 2.2. Bekanntlich sind Summe und Vielfaches stetiger Funktionen wieder stetig, also mit f, g auch f + g und $\lambda f \in C(\mathbb{R})$.

$(f+g)(x) = f(x) + g(x) = g(x) + f(x) = (g+f)(x)$ für alle $x \in \mathbb{R}$, also $f+g = g+f$. Analog

$[(f+g)+h](x) = (f+g)(x) + h(x) = [f(x) + g(x)] + h(x) = f(x) + [g(x) + h(x)] =$

$= f(x) + (g+h)(x) = [f + (g+h)](x)$.

Stehen f, g, h in der Beziehung $f = g + h$, so ist für alle $x \in \mathbb{R}$
$f(x) = (g+h)(x) = g(x) + h(x)$, $g(x) = f(x) - h(x)$.
Definieren wir die stetige (!) Funktion $f - h$ durch "$(f-h)(x) = f(x) - h(x)$ für alle x", so ist folglich $g = f - h$ die einzige Lösung der Gleichung $f = g + h$ bei gegebenen f, h.
$(1 \cdot f)(x) = 1 \cdot f(x) = f(x)$, also $1 \cdot f = f$.

$[\lambda \cdot (f+g)](x) = \lambda \cdot [(f+g)(x)] = \lambda(f(x) + g(x)) = \lambda f(x) + \lambda g(x) = (\lambda f)(x) + (\lambda g)(x) =$
$= (\lambda f + \lambda g)(x)$ für alle x, also $\lambda(f+g) = \lambda f + \lambda g$.

$[(\lambda + \mu) \cdot f](x) = (\lambda + \mu) \cdot f(x) = \lambda f(x) + \mu f(x) = (\lambda f)(x) + (\mu f)(x) = (\lambda f + \mu g)(x)$.

$[\lambda \cdot (\mu f)](x) = \lambda [(\mu f)(x)] = \lambda [\mu \cdot f(x)] = (\lambda \cdot \mu) \cdot f(x) = [(\lambda \cdot \mu) f](x)$.

A 11 Wir verwenden in allen Fällen das Unterraum-Kriterium 2.5:
U Unterraum $\iff$ mit $\mathfrak{a}, \mathfrak{b} \in V$, $\lambda \in \mathbb{R}$ ist stets $\mathfrak{a} - \mathfrak{b}$, $\lambda \mathfrak{a} \in U$.

a) Kein Unterraum! - Denn es ist $\mathfrak{a} = \begin{pmatrix} 1 \\ 0 \end{pmatrix} \in U$, aber z.B. $\frac{1}{2}\mathfrak{a} = \begin{pmatrix} \frac{1}{2} \\ 0 \end{pmatrix} \notin U$.

b) Unterraum nur für $c = 0$! Seien $\mathfrak{a}, \mathfrak{b} \in U$, d.h.

$\mathfrak{a} = \begin{pmatrix} c \\ a_2 \\ a_3 \end{pmatrix}$, $\mathfrak{b} = \begin{pmatrix} c \\ b_2 \\ b_3 \end{pmatrix}$ und folglich $\mathfrak{a} - \mathfrak{b} = \begin{pmatrix} 0 \\ a_2 - b_2 \\ a_3 - b_3 \end{pmatrix}$. Die erste

Komponente von $\mathfrak{a} - \mathfrak{b}$ ist also $= 0$ und daher $\mathfrak{a} - \mathfrak{b}$ nur dann wieder $\in U$, wenn $c = 0$. Im Fall $c \neq 0$ liegt jedenfalls kein Unterraum vor! Ist $c = 0$, so

$\lambda \cdot \mathfrak{a} = \lambda \cdot \begin{pmatrix} 0 \\ a_2 \\ a_3 \end{pmatrix} = \begin{pmatrix} 0 \\ \lambda a_2 \\ \lambda a_3 \end{pmatrix} \in U$, daher U Unterraum.

c) Unterraum! - $\mathfrak{a}, \mathfrak{b} \in U$ bedeutet, daß $2a_1 + 3a_5 = 0$, $2b_1 + 3b_5 = 0$.
Damit ist auch $2(a_1 - b_1) + 3(a_5 - b_5) = 0$, ferner für $\lambda \in \mathbb{R}$ $2(\lambda a_1) + 3 \cdot (\lambda a_5) = 0$.
Folglich auch $\mathfrak{a} - \mathfrak{b} \in U$, $\lambda \mathfrak{a} \in U$.

d) Unterraum! Sei c ein zu $\mathfrak{A}$ gehöriger Eigenwert, $\mathfrak{a}$, $\mathfrak{b}$ Eigenvektoren zu c.
Dann ist $\mathfrak{A}\mathfrak{a} = c \cdot \mathfrak{a}$ und $\mathfrak{A}\mathfrak{b} = c\mathfrak{b}$, somit auch $\mathfrak{A}(\mathfrak{a} - \mathfrak{b}) = \mathfrak{A}\mathfrak{a} - \mathfrak{A}\mathfrak{b} =$
$= c\mathfrak{a} - c\mathfrak{b} = c(\mathfrak{a} - \mathfrak{b})$ und $\mathfrak{A}(\lambda\mathfrak{a}) = \lambda(\mathfrak{A}\mathfrak{a}) = \lambda(c\mathfrak{a}) = c(\lambda\mathfrak{a})$, d.h.:
$\mathfrak{a} - \mathfrak{b}$, $\lambda\mathfrak{a} \in U$.

e) Unterraum nur für $\mathfrak{y} = \mathfrak{o}$! Mit $\mathfrak{x}, \mathfrak{b} \in U$ ist

$$\mathfrak{A}(\mathfrak{x} - \mathfrak{b}) = \mathfrak{A}\mathfrak{x} - \mathfrak{A}\mathfrak{b} = \mathfrak{y} - \mathfrak{y} = \mathfrak{o},$$

also $\mathfrak{x} - \mathfrak{b}$ nur dann wieder $\in U$, d.h. $\mathfrak{A}(\mathfrak{x} - \mathfrak{b}) = \mathfrak{y}$, falls $\mathfrak{y} = \mathfrak{o}$.
Trifft letzteres zu, so ist auch

$$\mathfrak{A}(\lambda \mathfrak{x}) = \lambda \mathfrak{A}\mathfrak{x} = \lambda \mathfrak{y} = \mathfrak{o} = \mathfrak{y}, \quad \text{d.h.} \quad \lambda \mathfrak{x} \in U.$$

f) Unterraum! Polynome $p, q \in P_n$ haben die allgemeine Gestalt

$$p(x) = a_0 + a_1 x + a_2 x^2 + \ldots + a_n x^n, \quad q(x) = b_0 + b_1 x + \ldots + b_n x^n$$

mit Koeffizienten a_i, $b_i \in \mathbb{R}$. Man hat daher

$$(p - q)(x) = p(x) - q(x) = (a_0 - b_0) + (a_1 - b_1)x + \ldots + (a_n - b_n)\, x^n,$$
$$(\lambda p)(x) = \lambda p(x) = (\lambda a_0) + (\lambda a_1)\, x + \ldots + (\lambda a_n)\, x^n,$$

d.h.: $p - q$, λp sind wieder Polynome vom Grad $\leq n$, kurz $p - q$, $\lambda p \in U$.

g) Unterraum nur für $c = 0$ (dann U = Menge aller P_n-Polynome mit Nullstelle x_0)!
Für beliebige p, q ist nämlich nach Definition

$$(p - q)(x_0) = p(x_0) - q(x_0) = c - c = 0, \quad \text{d.h.} \quad p - q \in U \iff c = 0.$$

Im Falle $c = 0$ gilt weiter

$$(\lambda p)(x_0) = \lambda\, p(x_0) = \lambda \cdot c = 0 = c, \quad \text{also} \quad \lambda p \in U.$$

h) Unterraum! Seien $f, g \in U$, $\lambda \in \mathbb{R}$, deutlicher
$f(x) = a \sin(c x + b)$, $g(x) = a' \sin(c x + b')$ mit $a, \ldots, b', c \in \mathbb{R}$
Daß mit f auch $\lambda f \in U$ ist, ist klar! Wir zeigen unter Verwendung des Sinus-Additionstheorems: $f - g \in U$.

$$\begin{aligned}(f - g)(x) &= f(x) - g(x) = a \sin(c x + b) - a' \sin(c x + b') = \\ &= a(\cos b \sin c x + \sin b \cos c x) - a'(\cos b' \sin cx + \sin b' \cos cx) \\ &= \underbrace{(a \cos b - a' \cos b')}_{= A} \sin cx + \underbrace{(a \sin b - a' \sin b')}_{= B} \cos cx .\end{aligned}$$

Wir nehmen $A^2 + B^2 \neq 0$ an (der Fall $A = B = 0$ ist trivial), fassen

$\left(\frac{A}{\sqrt{A^2 + B^2}} \,\middle|\, \frac{B}{\sqrt{A^2 + B^2}} \right)$ als Punkt des Einheitskreises auf (→ 1.1) und nennen den zugehörigen Winkel b''. Es ist dann mit $a'' = \sqrt{A^2 + B^2}$: $A = a'' \cos b''$, $B = a'' \sin b''$ und folglich

$$\begin{aligned}(f - g)(x) &= A \sin cx + B \cos cx = a''(\cos b'' \sin cx + \sin b'' \cos cx) = \\ &= a'' \sin(cx + b''), \quad \text{mithin} \quad f - g \in U.\end{aligned}$$

i) Unterraum! Jede stetig differenzierbare Funktion ist insbesondere stetig, also $C^1(\mathbb{R}) \subset C(\mathbb{R})$. Nach bekannten Differentiations- und Stetigkeitsregeln sind Differenz und Vielfaches stetig differenzierbarer Funktionen wieder stetig differenzierbar.

A 12 a) Im einfachsten Fall besteht der Isomorphismus in der vollständigen und in beiden Richtungen eindeutigen Entsprechung

$$\text{Polynom } p(x) = a_0 + a_1 x + \ldots + a_n x^n \longleftrightarrow \text{Vektor } \mathfrak{a} = \begin{pmatrix} a_0 \\ a_1 \\ \vdots \\ a_n \end{pmatrix}.$$

Es bleibt gemäß 2.11 zu zeigen

$$p(x) + q(x) = (a_0 + a_1 x + \ldots + a_n x^n) + (b_0 + b_1 x + \ldots + b_n x^n) =$$

$$= (a_0 + b_0) + (a_1 + b_1)x + \ldots + (a_n + b_n)x^n \longleftrightarrow \begin{pmatrix} a_0 + b_0 \\ a_1 + b_1 \\ \vdots \\ a_n + b_n \end{pmatrix} = \begin{pmatrix} a_0 \\ a_1 \\ \vdots \\ a_n \end{pmatrix} + \begin{pmatrix} b_0 \\ b_1 \\ \vdots \\ b_n \end{pmatrix},$$

$$\lambda\, p(x) = \lambda\,(a_0 + a_1 x + \ldots + a_n x^n) = (\lambda a_0) + (\lambda a_1)x + \ldots + (\lambda a_n)x^n$$

$$\longleftrightarrow \begin{pmatrix} \lambda a_0 \\ \lambda a_1 \\ \vdots \\ \lambda a_n \end{pmatrix} = \lambda \cdot \begin{pmatrix} a_0 \\ a_1 \\ \vdots \\ a_n \end{pmatrix}.$$

Aufgrund von 2.12 schließen wir aus der Isomorphie zwischen P_n und $\mathbb{R}^{n+1}$: $\dim P_n = n+1$.

b) Nach 4.11 bzw. A 26 lassen sich die Elemente von $D_{2,2}$ als Drehstreckungen interpretieren, ganz entsprechend der Darstellung der komplexen Zahlen $a + ib$ durch Polarkoordinaten. Es ist naheliegend, einen Isomorphismus $D_{2,2} \longleftrightarrow \mathbb{C}$ durch die (offensichtlich) vollständige und in beiden Richtungen eindeutige Zuordnung

$$\begin{pmatrix} a & -b \\ b & a \end{pmatrix} \longleftrightarrow a + ib$$

zu beschreiben. Wir zeigen also nur noch die "Linearität":

$$\begin{pmatrix} a & -b \\ b & a \end{pmatrix} + \begin{pmatrix} c & -d \\ d & c \end{pmatrix} \overset{3.14}{=\!=} \begin{pmatrix} a + c & -(b+d) \\ b + d & a + c \end{pmatrix} \longleftrightarrow (a + c) + i\,(b + d) =$$

$$= (a + ib) + (c + id),$$

$$\lambda \cdot \begin{pmatrix} a & -b \\ b & a \end{pmatrix} = \begin{pmatrix} \lambda a & -\lambda b \\ \lambda b & \lambda a \end{pmatrix} \longleftrightarrow (\lambda a) + i\,(\lambda b) = \lambda(a + ib)$$

Wir folgern aus der bewiesenen Isomorphie: $\dim D_{2,2} = \dim \mathbb{C} = 2$

A 13 a) Die Gleichung $2x_1 = 3x_2$ läßt sich umformen zu

$$\begin{pmatrix} 2 & -3 \\ 0 & 0 \end{pmatrix} \cdot \mathfrak{x} = \mathfrak{o} \quad \text{mit } \mathfrak{x} = \begin{pmatrix} x_1 \\ x_2 \end{pmatrix},$$

so daß V tatsächlich ein Vektorraum ist nach A11 e). Wegen $x_1 = \frac{3}{2}x_2$ haben Lösungen stets die Gestalt

$$\mathfrak{x} = \begin{pmatrix} \frac{3}{2}x_2 \\ x_2 \end{pmatrix} = \frac{x_2}{2} \cdot \begin{pmatrix} 3 \\ 2 \end{pmatrix}, \quad x_2 \text{ beliebig } \in \mathbb{R}$$

Demnach ist $V = \{ \lambda \cdot \begin{pmatrix} 3 \\ 2 \end{pmatrix} \mid \lambda \in \mathbb{R} \}$ und es ist klar, daß beispielsweise der Vektor $\begin{pmatrix} 3 \\ 2 \end{pmatrix}$ den ganzen Raum V aufspannt, mithin eine Basis darstellt.

b) Wir werten zunächst die Determinantenbedingung aus:

$$\det \begin{pmatrix} 1 & x_1 & 3 \\ 0 & x_2 & -1 \\ -2 & x_1 & 3 \end{pmatrix} = \begin{vmatrix} x_2 & -1 \\ x_1 & 3 \end{vmatrix} - 2 \cdot \begin{vmatrix} x_1 & 3 \\ x_2 & -1 \end{vmatrix} = (3x_2 + x_1) + 2\,(x_1 + 3x_2) =$$

$$= 3x_1 + 9x_2 \doteq 3\,(x_1 + 3x_2) = 0 \iff x_1 = -3x_2, \text{ also}$$

$$\mathfrak{c} \in V \iff \mathfrak{c} = \begin{pmatrix} -3x_2 \\ x_2 \\ x_3 \end{pmatrix} \quad \text{für beliebige } x_2, x_3 \in \mathbb{R} .$$

Jedes solche $\mathfrak{c}$ läßt sich schreiben in der Form

$$\mathfrak{c} = x_2 \begin{pmatrix} -3 \\ 1 \\ 0 \end{pmatrix} + x_3 \begin{pmatrix} 0 \\ 0 \\ 1 \end{pmatrix} = x_2 \cdot \mathfrak{a} + x_3 \mathfrak{b} ,$$

stellt also eine Linearkombination der beiden Vektoren $\mathfrak{a}$, $\mathfrak{b}$ dar. Sie bilden somit eine (unter vielen möglichen) Basis von V.

c) Wir beschränken den Nachweis auf den Fall $m = n = 2$ (2×2-Matrizen), der allgemeine Fall gestaltet sich völlig gleichartig! Es ist für $\mathfrak{A} \in M_{2,2}$

$$\mathfrak{A} = \begin{pmatrix} a & b \\ c & d \end{pmatrix} = a \cdot \begin{pmatrix} 1 & 0 \\ 0 & 0 \end{pmatrix} + b \cdot \begin{pmatrix} 0 & 1 \\ 0 & 0 \end{pmatrix} + c \begin{pmatrix} 0 & 0 \\ 1 & 0 \end{pmatrix} + d \cdot \begin{pmatrix} 0 & 0 \\ 0 & 1 \end{pmatrix} ,$$

also $\mathfrak{A}$ zerlegt in eine Linearkombination all derjenigen Matrizen, die außer einer 1 nur Nullen enthalten. Daß diese Matrizen zugleich linear unabhängig sind, sieht man leicht ein (→ 2.8): Fassen wir oben die Zahlen a, b, c, d als Unbekannte auf und fragen, wann die rechte Seite gleich der Nullmatrix $\begin{pmatrix} 0 & 0 \\ 0 & 0 \end{pmatrix}$ (← spielt die Rolle der Null bei der Addition in $M_{m,n}$) ist, führt dies auf die Bedingung

$$\begin{pmatrix} a & b \\ c & d \end{pmatrix} = \begin{pmatrix} 0 & 0 \\ 0 & 0 \end{pmatrix} ,$$

nach 3.10 (Gleichheit von Matrizen) also auf $a = b = c = d = 0$.

Wir formulieren allgemein: Jede $m \times n$-Matrix läßt sich schreiben als Linearkombination solcher Matrizen, die außer einer 1 nur Nullen enthalten. Diese $m \cdot n$ Matrizen sind linear unabhängig, bilden also eine Basis des Vektorraums $M_{m,n}$ ($\Rightarrow \dim M_{m,n} = m \cdot n$, nach 2.12: $M_{m,n}$ isomorph zu $\mathbb{R}^{m \cdot n}$).

d) Polynome $p \in P_n$ schreibt man gewöhnlich in der Form $p(x) = a_0 + a_1 x + \ldots + a_n x^n$, also als Linearkombination der speziellen Polynome $1, x, x^2, \ldots, x^n$. Es liegt nahe, gerade diese gemäß 2.8 auf lineare Unabhängigkeit zu untersuchen.
Sei also mit den Bezeichnungen $f_0(x) = 1$, $f_1(x) = x$, ... , $f_n(x) = x^n$

$$\lambda_0 f_0 + \lambda_1 f_1 + \lambda_2 f_2 + \ldots + \lambda_n f_n = 0 \quad (\longleftarrow \text{Nullpolynom}),$$

mit anderen Worten

$$q(x) = \lambda_0 + \lambda_1 x + \lambda_2 x^2 + \ldots + \lambda_n x^n = 0 \quad \text{für alle } x \in \mathbb{R}.$$

Wäre der Grad von $q \geqslant 1$, so hätte q hiernach unendlich viele Nullstellen - im Widerspruch zum Fundamentalsatz der Algebra (höchstens n Nullstellen!).
Also ist zunächst $\lambda_1 = \lambda_2 = \ldots = \lambda_n = 0$, dann aber auch $q(x) = \lambda_0 = 0$ und folglich alle $\lambda_k = 0$.

A 14 a) $\mathfrak{a} \circ \mathfrak{b} = (-4)\cdot 273 + 3\cdot 120 + (-12)\cdot(-64) = 36$,

$|\mathfrak{a}| = +\sqrt{4^2 + 3^2 + 12^2} = 13$, $\quad |\mathfrak{b}| = +\sqrt{273^2 + 120^2 + 64^2} = 305$,

$$\cos\alpha = \frac{\mathfrak{a}\circ\mathfrak{b}}{|\mathfrak{a}|\cdot|\mathfrak{b}|} = \frac{36}{13\cdot 305}\ , \qquad \alpha \approx 89{,}5^0 .$$

Die Vektoren $\mathfrak{a} \times \mathfrak{b}$ und $\mathfrak{n}_3 = \begin{pmatrix}0\\0\\1\end{pmatrix}$ stehen senkrecht auf den angesprochenen Ebenen, schließen daher (bis auf Komplementbildung zu 180^0) den gesuchten Winkel β ein:

$$\mathfrak{a} \times \mathfrak{b} = \begin{pmatrix}1248\\-3532\\-1299\end{pmatrix}, \quad \cos(180^0 - \beta) = \frac{(\mathfrak{a}\times\mathfrak{b})\circ\mathfrak{n}_3}{|\mathfrak{a}\times\mathfrak{b}|} \approx \frac{-1299}{3965}\ , \quad \beta \approx 71^0 .$$

b) Die Eigenschaft $\mathfrak{x}\circ\mathfrak{y} = \mathfrak{y}\circ\mathfrak{x}$ ist an der Definition sofort abzulesen.

$$\mathfrak{x} \circ (\mathfrak{y} + \mathfrak{z}) = \begin{pmatrix}x_1\\x_2\end{pmatrix} \circ \begin{pmatrix}y_1 + z_1\\y_2 + z_2\end{pmatrix} = 3x_1(y_1 + z_1) + 5x_2(y_2 + z_2) =$$

$$= (3x_1y_1 + 5x_2y_2) + (3x_1z_1 + 5x_2z_2) = \mathfrak{x}\circ\mathfrak{y} + \mathfrak{x}\circ\mathfrak{z}$$

$$(\lambda\mathfrak{x})\circ\mathfrak{y} = \begin{pmatrix}\lambda x_1\\\lambda x_2\end{pmatrix} \circ \begin{pmatrix}y_1\\y_2\end{pmatrix} = 3(\lambda x_1)\cdot y_1 + 5(\lambda x_2)y_2 = \lambda(3x_1y_1 + 5x_2y_2) = \lambda(\mathfrak{x}\circ\mathfrak{y})$$

$$\mathfrak{x} \neq \mathfrak{o} \Rightarrow \mathfrak{x}^2 = 3x_1^2 + 5x_2^2 > 0 .$$

c) Der Fall $C[-1,1]$: $f\circ g = \int_{-1}^{1} 2x(3x^2 - 1)\,dx = 2\int_{-1}^{1}(3x^3 - x)\,dx =$

$$= 2\left[\frac{3}{4}x^4 - \frac{1}{2}x^2\right]_{-1}^{1} = 0$$

$$|f^n|^2 = \int_{-1}^{1} f^n\cdot f^n\,dx = \int_{-1}^{1}(2x)^{2n}\,dx = 2^{2n}\cdot\left[\frac{1}{2n+1}x^{2n+1}\right]_{-1}^{1} = \frac{2^{2n+1}}{2n+1}\ ,$$

$$|f^n| = 2^n\sqrt{\frac{2}{2n+1}}\ .$$

Der Fall $C[-\pi, \pi]$: $f\circ g = \int_{-\pi}^{\pi}\cos x \sin x\,dx = \frac{1}{2}\int_{-\pi}^{\pi}\sin 2x\,dx$

$$= \frac{1}{2}\left[-\frac{1}{2}\cos 2x\right]_{-\pi}^{\pi} = 0$$

Zur Berechnung von $|f^n|$ verwenden wir partielle Integration (p.I.):

$$|f^n|^2 = \int_{-\pi}^{\pi} \cos^{2n} x\, dx = \int_{-\pi}^{\pi} \cos x \cdot \cos^{2n-1} x\, dx \overset{\text{p.I.}}{=\!=}$$

$$(2n-1) \cdot \int_{-\pi}^{\pi} \sin^2 x \cos^{2n-2} x\, dx = (2n-1) \int_{-\pi}^{\pi} (1-\cos^2 x) \cos^{2n-2} x\, dx$$

$$= (2n-1) \cdot \left[\int_{-\pi}^{\pi} (\cos^{n-1} x)^2\, dx - \int_{-\pi}^{\pi} (\cos^n x)^2\, dx \right] = (2n-1) \left[|f^{n-1}|^2 - |f^n|^2 \right] \quad ;$$

$$\Longrightarrow \quad 2n |f^n|^2 = (2n-1) |f^{n-1}|^2, \quad |f^n|^2 = |f^{n-1}|^2 \cdot \frac{2n-1}{2n} \quad .$$

Durch mehrfache Anwendung dieser "Reduktionsformel" läßt sich der Exponent n schrittweise abbauen:

$$|f^n|^2 = |f^{n-1}|^2 \cdot \frac{2n-1}{2n} = |f^{n-2}|^2 \cdot \frac{2n-3}{2n-2} \cdot \frac{2n-1}{2n} = \ldots =$$

$$= |f^0|^2 \cdot \frac{1}{2} \cdot \frac{3}{4} \cdot \frac{5}{6} \cdot \ldots \cdot \frac{2n-1}{2n}, \quad \text{zuletzt}$$

$$|f^n| = \sqrt{2\pi \cdot \frac{1}{2} \cdot \frac{3}{4} \cdot \frac{5}{6} \cdot \ldots \cdot \frac{2n-1}{2n}} \quad \left(= \sqrt{\int_{-\pi}^{\pi} \cos^{2n} x\, dx} \right) .$$

A 15 a) 1. Schritt: Es ist $\mathfrak{a}_1 = \frac{1}{\sqrt{5}} \begin{pmatrix} 2 \\ 0 \\ 1 \end{pmatrix}$ normiert.

2. Schritt: Mit $\mathfrak{b} = \begin{pmatrix} 3 \\ 3 \\ -1 \end{pmatrix}$ setzen wir gemäß 2.19

$$\mathfrak{r} = \mathfrak{b} - (\mathfrak{a}_1 \circ \mathfrak{b})\mathfrak{a}_1 = \begin{pmatrix} 3 \\ 3 \\ -1 \end{pmatrix} - \frac{1}{\sqrt{5}} \left[\begin{pmatrix} 2 \\ 0 \\ 1 \end{pmatrix} \circ \begin{pmatrix} 3 \\ 3 \\ -1 \end{pmatrix} \right] \cdot \frac{1}{\sqrt{5}} \begin{pmatrix} 2 \\ 0 \\ 1 \end{pmatrix} = \begin{pmatrix} 3 \\ 3 \\ -1 \end{pmatrix} - \begin{pmatrix} 2 \\ 0 \\ 1 \end{pmatrix} = \begin{pmatrix} 1 \\ 3 \\ -2 \end{pmatrix},$$

folglich $\mathfrak{a}_2 = \frac{\mathfrak{r}}{|\mathfrak{r}|} = \frac{1}{\sqrt{14}} \begin{pmatrix} 1 \\ 3 \\ -2 \end{pmatrix}$.

3. Schritt: Jetzt wählen wir $\mathfrak{b} = \begin{pmatrix} 0 \\ 8 \\ 5 \end{pmatrix}$ und setzen

$$\mathfrak{r} = \mathfrak{b} - (\mathfrak{a}_1 \circ \mathfrak{b})\mathfrak{a}_1 - (\mathfrak{a}_2 \circ \mathfrak{b})\mathfrak{a}_2 =$$

$$= \begin{pmatrix} 0 \\ 8 \\ 5 \end{pmatrix} - \frac{1}{\sqrt{5}} \left[\begin{pmatrix} 2 \\ 0 \\ 1 \end{pmatrix} \circ \begin{pmatrix} 0 \\ 8 \\ 5 \end{pmatrix} \right] \cdot \frac{1}{\sqrt{5}} \begin{pmatrix} 2 \\ 0 \\ 1 \end{pmatrix} - \frac{1}{\sqrt{14}} \left[\begin{pmatrix} 1 \\ 3 \\ -2 \end{pmatrix} \circ \begin{pmatrix} 0 \\ 8 \\ 5 \end{pmatrix} \right] \cdot \frac{1}{\sqrt{14}} \begin{pmatrix} 1 \\ 3 \\ -2 \end{pmatrix} =$$

$$= \begin{pmatrix} 0 \\ 8 \\ 5 \end{pmatrix} - \begin{pmatrix} 2 \\ 0 \\ 1 \end{pmatrix} - \begin{pmatrix} 1 \\ 3 \\ -2 \end{pmatrix} = \begin{pmatrix} -3 \\ 5 \\ 6 \end{pmatrix}, \quad \mathfrak{a}_3 = \frac{\mathfrak{r}}{|\mathfrak{r}|} = \frac{1}{\sqrt{70}} \begin{pmatrix} -3 \\ 5 \\ 6 \end{pmatrix}$$

Wir fassen zusammen: Die Vektoren

$$\frac{1}{\sqrt{5}}\begin{pmatrix}2\\0\\1\end{pmatrix}, \quad \frac{1}{\sqrt{14}}\begin{pmatrix}1\\3\\-2\end{pmatrix}, \quad \frac{1}{\sqrt{70}}\begin{pmatrix}-3\\5\\6\end{pmatrix}$$

sind normiert und stehen senkrecht aufeinander.

b) Wir nehmen zu f_0, f_1 das einfachste Polynom 3. Grades $g(x) = x^2$ hinzu und orthonormieren nach Schmidt (→ 2.19):

$$h(x) = g - (f_0 \circ g)\cdot f_0 - (f_1 \circ g)\cdot f_1 =$$

$$= x^2 - \left(\int_{-1}^{1} \sqrt{\frac{1}{2}}\cdot x^2\,dx\right)\cdot\sqrt{\frac{1}{2}} - \underbrace{\left(\int_{-1}^{1}\sqrt{\frac{3}{2}}\cdot x\cdot x^2\,dx\right)}_{=0}\cdot\sqrt{\frac{3}{2}}\cdot x$$

$$= x^2 - \frac{1}{2}\left[\frac{1}{3}x^3\right]_{-1}^{1} = x^2 - \frac{1}{3}$$

$$|h|^2 = \int_{-1}^{1} h^2\,dx = \int_{-1}^{1}\left(x^4 - \frac{2}{3}x^2 + \frac{1}{9}\right)dx = \left[\frac{1}{5}x^5 - \frac{2}{9}x^3 + \frac{1}{9}x\right]_{-1}^{1} =$$

$$= 2\left(\frac{1}{5} - \frac{2}{9} + \frac{1}{9}\right) = \frac{8}{45}, \qquad |h| = \frac{2}{3}\sqrt{\frac{2}{5}} = \frac{2}{15}\sqrt{10}. \Rightarrow$$

$$f_2(x) = \frac{h(x)}{|h|} = \frac{x^2 - \frac{1}{3}}{\frac{2}{3}\sqrt{\frac{2}{5}}} = \frac{1}{2}\sqrt{\frac{5}{2}}\,(3x^2 - 1).$$

Tatsächlich ist f_2 orthogonal zu allen Polynomen p niedrigeren Grades! Denn zunächst ist jedes solche p Linearkombination von f_0 und f_1: $p = c_0 f_0 + c_1 f_1$.
Weiter gilt nach 2.13

$$p \circ f_2 = (c_0 f_0 + c_1 f_1)\circ f_2 = (c_0 f_0)\circ f_2 + (c_1 f_1)\circ f_2 = c_0(f_0 \circ f_2) + c_1(f_1 \circ f_2) = 0.$$

A 16 a) x VT von Flü 1 enthalten $\frac{4}{10}\cdot x$ VT Alkohol und $\frac{6}{10}\cdot x$ VT Wasser

y VT von Flü 2 enthalten $\frac{7}{10}\cdot y$ VT Alkohol und $\frac{3}{10}\cdot y$ VT Wasser

Summe = x' Summe = y'

Also: $x' = \frac{4}{10}x + \frac{7}{10}y$, $y' = \frac{6}{10}x + \frac{3}{10}y$ bzw.

$$\underbrace{\begin{pmatrix}x'\\y'\end{pmatrix}}_{\text{"Lagermengen"}} = \frac{1}{10}\cdot\begin{pmatrix}4 & 7\\6 & 3\end{pmatrix}\cdot\underbrace{\begin{pmatrix}x\\y\end{pmatrix}}_{\text{"Produktionsmengen"}}$$

b) Mit $\begin{pmatrix}x\\y\end{pmatrix} = \begin{pmatrix}3\\7\end{pmatrix}$, $\begin{pmatrix}x'\\y'\end{pmatrix} = \begin{pmatrix}6\\4\end{pmatrix}$ ist gemäß 3.2

$$6 = a\cdot 3 + b\cdot 7, \qquad 4 = c\cdot 3 + d\cdot 7,$$

mit $\begin{pmatrix}x\\y\end{pmatrix} = \begin{pmatrix}-2\\-3\end{pmatrix}$, $\begin{pmatrix}x'\\y'\end{pmatrix} = \begin{pmatrix}-3\\-2\end{pmatrix}$ dagegen

$$-3 = a\cdot(-2) + b\cdot(-3), \qquad -2 = c\cdot(-2) + d\cdot(-3).$$

Wir erhalten zwei Gleichungssysteme mit je zwei Unbekannten:

$$3a + 7b = 6 \qquad 3c + 7d = 4$$
$$2a + 3b = 3 \qquad 2c + 3d = 2 \quad .$$

Die Nennerdeterminante ergibt sich zu $D = \begin{vmatrix} 3 & 7 \\ 2 & 3 \end{vmatrix} = -5. \Rightarrow$

$$a = \frac{1}{D}\cdot \begin{vmatrix} 6 & 7 \\ 3 & 3 \end{vmatrix} = \frac{3}{5}\ ;\ b = \frac{1}{D}\cdot \begin{vmatrix} 3 & 6 \\ 2 & 3 \end{vmatrix} = \frac{3}{5}\ ;\ c = \frac{1}{D}\cdot \begin{vmatrix} 4 & 7 \\ 2 & 3 \end{vmatrix} = \frac{2}{5}\ ;\ d = \frac{1}{D}\cdot \begin{vmatrix} 3 & 4 \\ 2 & 2 \end{vmatrix} = \frac{2}{5}\ .$$

Die Transformationsgln. lauten

$$x' = \frac{3}{5}x + \frac{3}{5}y\ ,\quad y' = \frac{2}{5}x + \frac{2}{5}y$$

Die Abb.-matrix hat die Gestalt

$$\mathfrak{A} = \begin{pmatrix} \frac{3}{5} & \frac{3}{5} \\ \frac{2}{5} & \frac{2}{5} \end{pmatrix} = \frac{1}{5}\cdot \begin{pmatrix} 3 & 3 \\ 2 & 2 \end{pmatrix}$$

Mit $\begin{pmatrix} x \\ y \end{pmatrix} = \begin{pmatrix} 5 \\ -5 \end{pmatrix}$ wird danach $\begin{pmatrix} x' \\ y' \end{pmatrix} = \begin{pmatrix} 0 \\ 0 \end{pmatrix}$. Dies ist auch anschaulich einzusehen, denn:

Wegen $y' = \frac{2}{5}(x+y) = \frac{2}{3}\cdot\frac{3}{5}(x+y) = \frac{2}{3}\cdot x'$

liegen alle Bildpunkte $(x|y)' = (x'|y')$ auf der Ursprungsgeraden mit Steigung $\frac{2}{3}$;

wegen $A(\mathfrak{x}) - \mathfrak{x} = \begin{pmatrix} \frac{3}{5}y - \frac{2}{5}x \\ \frac{2}{5}x - \frac{3}{5}y \end{pmatrix} = \lambda \cdot \begin{pmatrix} 1 \\ -1 \end{pmatrix}$

sind die Verbindungen Punkt - Bildpunkt sämtlich parallel zu $y = -x$. Es handelt sich also bei A um eine Schrägprojektion unter 45^0 auf die Gerade $y = \frac{2}{3}x$.

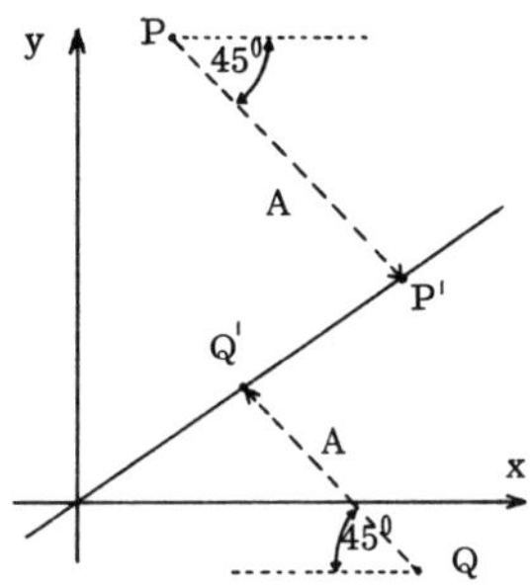

Abb. 33

c) Für jedes $x \in \mathbb{R}$ ist

$$[\Delta(p+q)](x) = (p+q)(x+1) - (p+q)(x) = [p(x+1) + q(x+1)] - [p(x) + q(x)] =$$
$$= [p(x+1) - p(x)] + [q(x+1) - q(x)] = (\Delta p)(x) + (\Delta q)(x) = [\Delta p + \Delta q](x)\ ,$$

also $\Delta(p+q) = \Delta p + \Delta q$;

$$[\Delta(\lambda p)](x) = (\lambda p)(x+1) - (\lambda p)(x) = \lambda\cdot p(x+1) - \lambda\cdot p(x) = \lambda[p(x+1) - p(x)] =$$
$$= \lambda\cdot(\Delta p)(x) = [\lambda\cdot\Delta p](x)\ ,\quad \text{also } \Delta(\lambda p) = \lambda\cdot\Delta p\ .$$

Daß tatsächlich $\Delta p \in P_{n-1}$, m.a.W.: Grad $\Delta p < n$, erkennt man so:

$$(\Delta p)(x) = p(x+1) - p(x) = [a_0(x+1)^n + a_1(x+1)^{n-1} + \ldots] - [a_0x^n + a_1x^{n-1} + \ldots]$$
$$= a_0nx^{n-1} + \text{niedrigere x-Potenzen.}$$

A 17 a) Jedes Polynom $p \in P_n$ der Form $p(x) = a_0 + a_1x + \ldots + a_nx^n$ ist bzgl. der oben angegebenen Basis dargestellt durch den zugehörigen Koeffizientenvektor

$$\vec{p} = \begin{pmatrix} a_0 \\ a_1 \\ \vdots \\ a_n \end{pmatrix}$$

(diese Darstellung liefert übrigens einen Vektorraum-Isomorphismus $P_n \to \mathbf{R}^{n+1}$).

Mit $p_k(x) = x^k$ ist

$$\Delta p = \Delta\,(a_0p_0 + a_1p_1 + \ldots + a_np_n) = a_0\,\Delta\,p_0 + a_1\,\Delta\,p_1 + \ldots + a_n\,\Delta\,p_n\,,$$

bei vektorieller Darstellung der $\Delta\,p_k$ durch $(n+1)$-Tupel $\overrightarrow{\Delta\,p_k}$ im eben genannten Sinne und ihrer Zusammenfassung in der $(n+1)\times(n+1)$-Matrix $\mathfrak{M} = (\overrightarrow{\Delta\,p_0}, \overrightarrow{\Delta\,p_1}, \overrightarrow{\Delta p_2}, \ldots, \overrightarrow{\Delta p_n})$ folglich

$$\overrightarrow{\Delta\,p} = a_0\overrightarrow{\Delta\,p_0} + a_1\overrightarrow{\Delta\,p_1} + \ldots + a_n\overrightarrow{\Delta\,p_n} = (\overrightarrow{\Delta\,p_0}, \overrightarrow{\Delta\,p_1}, \ldots, \overrightarrow{\Delta p_n})\cdot\vec{p} = \mathfrak{M}\cdot\vec{p}\,.$$

Wir fassen also, kurz gesagt, die Koeffizienten von p und Δp je zu einem Vektor $\vec{p}$, $\overrightarrow{\Delta\,p}$ des $\mathbf{R}^{n+1}$ zusammen und suchen diejenige quadratische Matrix $\mathfrak{M}$, für die $\overrightarrow{\Delta\,p} = \mathfrak{M}\cdot\vec{p}$ ist.

Zunächst ist Δp_0 das Nullpolynom, $\overrightarrow{\Delta p_0}$ also der Nullvektor. Des weiteren hat man nach dem binomischen Lehrsatz

$$(\Delta p_k)(x) = (x+1)^k - x^k =$$

$$= \left[\binom{k}{0} + \binom{k}{1}x + \binom{k}{2}x^2 + \ldots + \binom{k}{k}x^k\right] - x^k\,,\quad \text{d.h.}\quad \overrightarrow{\Delta p_k} = \begin{pmatrix} \binom{k}{0} \\ \binom{k}{1} \\ \vdots \\ \binom{k}{k-1} \\ 0 \end{pmatrix}$$

Damit wird $\mathfrak{M}$ zu

$$\mathfrak{M} = \begin{pmatrix} 0 & \binom{1}{0} & \binom{2}{0} & \binom{3}{0} & \cdots & \binom{n}{0} \\ 0 & 0 & \binom{2}{1} & \binom{3}{1} & & \binom{n}{1} \\ 0 & 0 & 0 & \binom{3}{2} & & \binom{n}{2} \\ \vdots & & & & \ddots & \binom{n}{n-1} \\ 0 & 0 & 0 & \cdots & & 0 \end{pmatrix}$$

$$= \begin{pmatrix} 1 & 1 & 1 & 1 & \cdots & 1 \\ 0 & 1 & 2 & 3 & & n \\ 0 & 0 & 1 & 3 & & \vdots \\ 0 & 0 & 0 & 1 & & \vdots \\ \vdots & & & & \ddots & \vdots \\ 0 & 0 & 0 & 0 & \cdots\, 0 & 1 \end{pmatrix} - \begin{pmatrix} 1 & 0 & \cdots & & 0 \\ 0 & 1 & & & \vdots \\ \vdots & & \ddots & & \vdots \\ \vdots & & & \ddots & 0 \\ 0 & \cdots & & 0 & 1 \end{pmatrix},$$

kurz $\mathcal{M} = \mathcal{P} - \mathcal{E}$, wobei $\mathcal{P}$ als obere Dreiecksmatrix (→ 3.11) nur das sog. Pascal-Dreieck enthält.

b)
$$\overrightarrow{\Delta p} = \left[\begin{pmatrix} 1 & 1 & 1 & 1 \\ 0 & 1 & 2 & 3 \\ 0 & 0 & 1 & 3 \\ 0 & 0 & 0 & 1 \end{pmatrix} - \begin{pmatrix} 1 & 0 & 0 & 0 \\ 0 & 1 & 0 & 0 \\ 0 & 0 & 1 & 0 \\ 0 & 0 & 0 & 1 \end{pmatrix}\right] \cdot \begin{pmatrix} 2 \\ -3 \\ 5 \\ 2 \end{pmatrix} = \begin{pmatrix} 0 & 1 & 1 & 1 \\ 0 & 0 & 2 & 3 \\ 0 & 0 & 0 & 3 \\ 0 & 0 & 0 & 0 \end{pmatrix} \cdot \begin{pmatrix} 2 \\ -3 \\ 5 \\ 2 \end{pmatrix} = \begin{pmatrix} 4 \\ 16 \\ 6 \\ 0 \end{pmatrix},$$

$(\Delta p)(x) = 4 + 16x + 6x^2$, in Übereinstimmung mit

$(\Delta p)(x) = [2 - 3(x+1) + 5(x+1)^2 + 2(x+1)^3] - [2 - 3x + 5x^2 + 2x^3] = 4 + 16x + 6x^2$.

A 18 a) $\mathcal{A} + \mathcal{B} = \begin{pmatrix} -2+1 & 3+1 \\ 4+2 & 1+2 \end{pmatrix} = \begin{pmatrix} -1 & 4 \\ 6 & 3 \end{pmatrix}$; $\mathcal{K} + \mathcal{L} = \begin{pmatrix} 3 & 1 & 4 \\ 0 & -1 & 3 \\ 4 & 0 & 2 \end{pmatrix}$;

"$\mathcal{M} + \mathcal{N}$" ist nicht definiert, die Matrizen haben verschiedene Spaltenzahl;

$4\,\mathcal{A} = \begin{pmatrix} 4\cdot(-2) & 4\cdot 3 \\ 4\cdot 4 & 4\cdot 1 \end{pmatrix} = \begin{pmatrix} -8 & 12 \\ 16 & 4 \end{pmatrix}$;

$$3\mathcal{K} - 2\mathcal{L} = \begin{pmatrix} 6 & 3 & 12 \\ 0 & -6 & 9 \\ 9 & 0 & 3 \end{pmatrix} - \begin{pmatrix} 2 & 0 & 0 \\ 0 & 2 & 0 \\ 2 & 0 & 2 \end{pmatrix} = \begin{pmatrix} 4 & 3 & 12 \\ 0 & -8 & 9 \\ 7 & 0 & 1 \end{pmatrix}$$

b) $\mathcal{A} \cdot \mathcal{B} = \begin{pmatrix} (-2)\cdot 1 + 3\cdot 2 & (-2)\cdot 1 + 3\cdot 2 \\ 4\cdot 1 + 1\cdot 2 & 4\cdot 1 + 1\cdot 2 \end{pmatrix} = \begin{pmatrix} 4 & 4 \\ 6 & 6 \end{pmatrix}$; $\mathcal{B} \cdot \mathcal{A} =$

$\begin{pmatrix} 1\cdot(-2) + 1\cdot 4 & 1\cdot 3 + 1\cdot 1 \\ 2\cdot(-2) + 2\cdot 4 & 2\cdot 3 + 2\cdot 1 \end{pmatrix} = \begin{pmatrix} 2 & 4 \\ 4 & 8 \end{pmatrix}$, die Matrizenmultiplikation ist also nicht kommutativ: im allgemeinen $\mathcal{A} \cdot \mathcal{B} \neq \mathcal{B} \cdot \mathcal{A}$;

$\mathcal{B} \cdot \mathcal{C} = \begin{pmatrix} 0 & 0 \\ 0 & 0 \end{pmatrix} = \mathcal{O}$, obwohl $\mathcal{B}$ und $\mathcal{C}$ beide $\neq \mathcal{O}$ sind! ;

$\mathcal{A}^2 = \begin{pmatrix} 16 & -3 \\ -4 & 13 \end{pmatrix}$; $(\mathcal{A} - \mathcal{B})^3 = \begin{pmatrix} -3 & 2 \\ 2 & -1 \end{pmatrix}^3 = \begin{pmatrix} -55 & 34 \\ 34 & -21 \end{pmatrix}$

c) $\mathcal{N} \cdot \mathcal{A} = \begin{pmatrix} -2 & 3 \\ -4 & -1 \\ -2 & 3 \end{pmatrix}$; $\mathcal{K} \cdot \mathcal{L} = \begin{pmatrix} 6 & 1 & 4 \\ 3 & -2 & 3 \\ 4 & 0 & 1 \end{pmatrix}$; $\mathcal{L}^2 \cdot \mathcal{M} = \begin{pmatrix} 2 & 0 & 0 \\ 0 & 1 & 0 \\ 7 & 0 & 1 \end{pmatrix}$;

$\mathcal{M} \cdot \mathcal{N} = \begin{pmatrix} 2 & 0 \\ 0 & -1 \\ 4 & 0 \end{pmatrix}$; $\mathcal{N} \cdot \mathcal{M}$ ist nicht definiert, da die Spaltenzahl der linken Matrix nicht übereinstimmt mit der Zeilenzahl der rechten.

d) $\mathfrak{A}^2 - 2\mathfrak{A}\cdot\mathfrak{B} + \mathfrak{B}^2 \overset{b)}{=} \begin{pmatrix} 16 & -3 \\ -4 & 13 \end{pmatrix} - 2\cdot\begin{pmatrix} 4 & 4 \\ 6 & 6 \end{pmatrix} + \begin{pmatrix} 3 & 3 \\ 6 & 6 \end{pmatrix} = \begin{pmatrix} 11 & -8 \\ -10 & 7 \end{pmatrix}$

Vorsicht: $\mathfrak{A}^2 - 2\mathfrak{A}\mathfrak{B} + \mathfrak{B}^2 \neq (\mathfrak{A} - \mathfrak{B})^2$ (im allgemeinen!), da

$(\mathfrak{A} - \mathfrak{B})^2 = (\mathfrak{A} - \mathfrak{B})\cdot(\mathfrak{A} - \mathfrak{B}) = \mathfrak{A}^2 - \mathfrak{A}\mathfrak{B} - \mathfrak{B}\mathfrak{A} + \mathfrak{B}^2$ und $\mathfrak{A}\mathfrak{B} \neq \mathfrak{B}\mathfrak{A}$

nach Aufgabenteil b);

$$p(\mathfrak{M}) = \mathfrak{M}^3 - 4\mathfrak{M}^2 + 5\mathfrak{M} = \begin{pmatrix} 8 & 0 & 0 \\ 0 & 1 & 0 \\ 21 & 0 & 1 \end{pmatrix} - \begin{pmatrix} 16 & 0 & 0 \\ 0 & 4 & 0 \\ 36 & 0 & 4 \end{pmatrix} + \begin{pmatrix} 10 & 0 & 0 \\ 0 & 5 & 0 \\ 15 & 0 & 5 \end{pmatrix}$$

$$= \begin{pmatrix} 2 & 0 & 0 \\ 0 & 2 & 0 \\ 0 & 0 & 2 \end{pmatrix} = 2\cdot\mathfrak{E}$$

Wir merken an, daß $\mathfrak{M}^3 - 4\mathfrak{M}^2 + 5\mathfrak{M} - 2\mathfrak{E} = \mathfrak{O}$ ist, andererseits $p(x) = x^3 - 4x^2 + 5x - 2$ das charakteristische Polynom der Matrix $\mathfrak{M}$.

A 19 a) Die monatlichen Umsätze seien $\check{\mathfrak{u}} = \begin{pmatrix} u_1 \\ u_2 \\ u_3 \end{pmatrix}$, der Januarbetrag also u_1. Von Artikel W_k werden im Januar a_{1k} Stück zum Endpreis von p_k DM verkauft, insgesamt also $a_{1k}\cdot p_k$ DM eingenommen. Die Summe über alle drei Artikel ist daher

$$a_{11}p_1 + a_{12}p_2 + a_{13}p_3 \text{ , dementsprechend}$$

$$\check{\mathfrak{u}} = \begin{pmatrix} u_1 \\ u_2 \\ u_3 \end{pmatrix} = \begin{pmatrix} a_{11}p_1 + a_{12}p_2 + a_{13}p_3 \\ a_{21}p_1 + a_{22}p_2 + a_{23}p_3 \\ a_{31}p_1 + a_{32}p_2 + a_{33}p_3 \end{pmatrix} = \mathfrak{A}\cdot\mathfrak{p} \text{ ,}$$

konkret $$\check{\mathfrak{u}} = \begin{pmatrix} 54 & 20 & 75 \\ 45 & 25 & 70 \\ 40 & 30 & 75 \end{pmatrix} \cdot \begin{pmatrix} 350 \\ 500 \\ 220 \end{pmatrix} = \begin{pmatrix} 45\,400 \\ 43\,650 \\ 45\,500 \end{pmatrix} .$$

Der Umsatz ist demnach im Februar mit 43 650 DM am niedrigsten innerhalb des Quartals.

b) Wir setzen $\mathfrak{K} = (K_{ij})$ mit K_{ij} = gesamter Kostenaufwand im i-ten Monat bzgl. Faktor F_j.
Bei 1 Stück von Artikel W_k $(k = 1, 2, 3)$ sind beispielsweise bzgl. Kostenfaktor F_2 im Januar DM b_{k2} im Endpreis enthalten, bei a_{1k} Stück (so viele werden nämlich im Jan. verkauft) insgesamt DM $a_{1k}\cdot b_{k2}$. Für alle drei Artikel ergibt dies zusammen

$$K_{12} = a_{11}b_{12} + a_{12}b_{22} + a_{13}b_{32} .$$

Dieselbe Überlegung für beliebigen Monat i und Faktor F_j führt zu

$$K_{ij} = a_{i1}b_{1j} + a_{i2}b_{2j} + a_{i3}b_{3j} ,$$

also nach 3.18 $\mathfrak{K} = \mathfrak{A}\cdot\mathfrak{B}$, konkret

$$\mathfrak{K} = \begin{pmatrix} 54 & 20 & 75 \\ 45 & 25 & 70 \\ 40 & 30 & 75 \end{pmatrix} \cdot \begin{pmatrix} 7,80 & 3,60 \\ 12,60 & 2,70 \\ 9,10 & 3,20 \end{pmatrix} = \begin{pmatrix} 1355,70 & 488,40 \\ 1303,00 & 453,50 \\ 1372,50 & 465,00 \end{pmatrix}$$

Die monatlichen Gesamtbeträge für beide Faktoren ergeben sich damit zu (1844,10 | 1756,50 | 1837,50).

A 20 a) Interessiert nur die Frage, ob $\mathfrak{A}$ regulär ist, genügt es, die Determinante von $\mathfrak{A}$ - etwa durch Entwicklung nach der 1. Spalte - zu berechnen:

$$\det \mathfrak{A} = \begin{vmatrix} -2 & 5 & -11 \\ 0 & -1 & 1 \\ 3 & 2 & 7 \end{vmatrix} = -2 \cdot \begin{vmatrix} -1 & 1 \\ 2 & 7 \end{vmatrix} + 3 \cdot \begin{vmatrix} 5 & -11 \\ -1 & 1 \end{vmatrix} = 18 - 18 = 0 .$$

Entsprechend 3.22 ist danach $\mathfrak{A}$ nicht regulär (also "singulär"). Wir verfahren jetzt aber gemäß 5.14. Wie in Kap. 5 gezeigt, geht $\mathfrak{A}$ durch Zeilenumformungen im Sinne von 5.8 über in die Matrix

$$\begin{pmatrix} -2 & 5 & -11 \\ 0 & -1 & 1 \\ 0 & 0 & 0 \end{pmatrix} ,$$

woraus Rang $\mathfrak{A} = 2$, wegen Kern A = $\{\mathfrak{x} \in \mathbf{R}^3 \mid \mathfrak{A}\mathfrak{x} = \mathfrak{o}\}$ nach 5.12 dim Kern A = 3 - 2 = 1 folgt.

Zu Bild A: Bild A = $\{\mathfrak{A}\mathfrak{x} \mid \mathfrak{x} \in \mathbf{R}^3\} = \{x_1\mathfrak{a}_1 + x_2\mathfrak{a}_2 + x_3\mathfrak{a}_3 \mid x_1, x_2, x_3 \in \mathbf{R}\}$, wobei $\mathfrak{a}_1, \mathfrak{a}_2, \mathfrak{a}_3$ die Spalten von $\mathfrak{A}$ bezeichnen. Nun ist (→ A 35 a))

$$\begin{pmatrix} 5 \\ -1 \\ 2 \end{pmatrix} + \begin{pmatrix} -11 \\ 1 \\ 7 \end{pmatrix} = \begin{pmatrix} -6 \\ 0 \\ 9 \end{pmatrix} = 3 \cdot \begin{pmatrix} -2 \\ 0 \\ 3 \end{pmatrix} ,$$

d.h. $\mathfrak{a}_1 = \frac{1}{3}(\mathfrak{a}_2 + \mathfrak{a}_3)$ und folglich Bild A = $\{x_2\mathfrak{a}_2 + x_3\mathfrak{a}_3 \mid x_2, x_3 \in \mathbf{R}\}$ = diejenige Ebene durch den Ursprung des $\mathbf{R}^3$, die von den Vektoren $\begin{pmatrix} 5 \\ -1 \\ 2 \end{pmatrix}, \begin{pmatrix} -11 \\ 1 \\ 7 \end{pmatrix}$ aufgespannt wird.

b) Die x_1-Komponente eines $\mathfrak{x} \in \mathbf{R}^3$ hat keinen Einfluß auf das Bild A($\mathfrak{x}$), so daß genau alle Vektoren der Form $\mathfrak{x} = \begin{pmatrix} x_1 \\ 0 \\ 0 \end{pmatrix}$ mit x_1 beliebig $\in \mathbf{R}$ auf $\mathfrak{o}$ abgebildet werden.
Also: Kern A = x-Achse des $\mathbf{R}^3$, dim Kern A = 1. Durchläuft $\mathfrak{x}$ ganz $\mathbf{R}^3$, so $\begin{pmatrix} x_2 \\ x_3 \end{pmatrix}$ ganz $\mathbf{R}^2$, d.h. Bild A = $\mathbf{R}^2$, dim Bild A = 2.

c) Für $p \in$ Kern Δ ist Δp das Nullpolynom, d.h.

$$p(x+1) - p(x) = 0 \quad \text{für alle } x \in \mathbf{R}.$$

Das Polynom $q(x) = p(x) - p(0)$ (= p ohne sein konstantes Glied) hat eine Nullstelle in 0 und ebenfalls die Eigenschaft $q(x+1) - q(x) = 0$. Also hat q unendlich viele Nullstellen, ist damit nach dem Fundamentalsatz der Algebra das Nullpolynom und folglich $p(x) = p(0) + q(x) = p(0)$, p also konstant.

Daß umgekehrt jede konstante Funktion im Kern Δ liegt, ist klar! Wir haben damit gefunden

Kern p = alle konstanten Funktionen auf $\mathbf{R}$.

Wir bestimmen Bild Δ: In A 17 a) wurde eine Matrixdarstellung von Δ als Abbildung $P_n \to P_n$ gegeben. Streichen wir hierin die letzte Zeile, liegt $\Delta : P_n \to P_{n-1}$ als $n \times (n+1)$-Matrix $\mathfrak{M}$ vor mit Rang $\mathfrak{M} = n$. Folglich dim Bild Δ = Rang $\mathfrak{M} = n$, wegen dim $P_{n-1} = n$ (→ A 12 a)) zuletzt Bild $\Delta = P_{n-1}$.

Alternative Vorgehensweise zur Bestimmung von BildΔ :

Es ist $\Delta(x+1) = 1$, $\Delta(\frac{1}{2}x^2 - \frac{1}{2}x) = x$, $\Delta(\frac{1}{3}x^3 - \frac{1}{2}x^2 + \frac{1}{6}x) = x^2$, ... ; allgemein bleibt nachzuweisen, daß zu jedem x^k ein $p_k \in P_n$ gehört mit $\Delta p_k = x^k$. Jetzt läßt sich bei gegebenem $q \in P_{n-1}$ ein zugehöriges $p \in P_n$ mit $\Delta p = q$ aus den p_k's linear kombinieren.

A 21 Wir benutzen 3.23

a) Es ist $\mathcal{H} = \begin{pmatrix} 2 & -3 \\ 4 & 5 \end{pmatrix}^{-1} = \frac{1}{2 \cdot 5 - (-3) \cdot 4} \begin{pmatrix} 5 & 3 \\ -4 & 2 \end{pmatrix} = \frac{1}{22} \begin{pmatrix} 5 & 3 \\ -4 & 2 \end{pmatrix}$,

$$\mathfrak{x} = \begin{pmatrix} 1 & 5 \\ 2 & -10 \end{pmatrix}^{-1} \cdot \begin{pmatrix} 4 \\ 5 \end{pmatrix} = \frac{1}{20} \begin{pmatrix} 10 & 5 \\ 2 & -1 \end{pmatrix} \cdot \begin{pmatrix} 4 \\ 5 \end{pmatrix} = \frac{1}{20} \begin{pmatrix} 65 \\ 3 \end{pmatrix}.$$

b) Bezeichnen x, y die gesuchten Volumenteile an M_1, M_2, x', y' die Vorratsmengen an W_1, W_2, so gilt in völliger Analogie zu A 16 a):

$$\mathfrak{x}' = \begin{pmatrix} x' \\ y' \end{pmatrix} = \begin{pmatrix} \frac{92}{100} & \frac{10}{100} \\ \frac{8}{100} & \frac{90}{100} \end{pmatrix} \cdot \begin{pmatrix} x \\ y \end{pmatrix} = \mathfrak{A} \cdot \mathfrak{x} \text{ , also}$$

$\mathfrak{x} = \mathfrak{A}^{-1} \mathfrak{x}'$. Wir bestimmen $\mathfrak{A}^{-1}$:

$$\mathfrak{A}^{-1} = \frac{1}{\frac{92}{100} \cdot \frac{90}{100} - \frac{8}{100} \cdot \frac{10}{100}} \cdot \begin{pmatrix} \frac{80}{100} & -\frac{10}{100} \\ -\frac{8}{100} & \frac{92}{100} \end{pmatrix} = \frac{1}{41} \cdot \begin{pmatrix} 45 & -5 \\ -4 & 46 \end{pmatrix} \; ; \Rightarrow$$

$$\mathfrak{x} = \frac{1}{41} \begin{pmatrix} 45 & -5 \\ -4 & 46 \end{pmatrix} \cdot \begin{pmatrix} 2500 \\ 3900 \end{pmatrix} \approx \begin{pmatrix} 2268 \\ 4132 \end{pmatrix}.$$

Der Winzer erhält nach unserer Rechnung 2268 ltr. an M_1, 4132 ltr. an M_2.

A 22 a) Die Gleichung $\det(\lambda \mathfrak{E} - \mathfrak{A}) = 0$ wird nach 3.26 als "charakteristische Gleichung" bezeichnet, ihre Nullstellen sind die sogenannten Eigenwerte.

$$\det\left[\lambda \mathfrak{E} - \begin{pmatrix} 3 & 9 \\ -2 & -5 \end{pmatrix}\right] = \begin{vmatrix} \lambda - 3 & -9 \\ 2 & \lambda + 5 \end{vmatrix} = \lambda^2 + 2\lambda + 3 = (\lambda+1)^2 + 2 \geqslant 2 \; ;$$

keine (reellen) Eigenwerte vorhanden!

$$\det\left[\lambda \mathfrak{E} - \begin{pmatrix} 8 & -3 \\ 3 & 2 \end{pmatrix}\right] = \begin{vmatrix} \lambda - 8 & 3 \\ -3 & \lambda - 2 \end{vmatrix} = \lambda^2 - 10\lambda + 25 = (\lambda - 5)^2 = 0 \Longleftrightarrow \lambda = 5 \; ;$$

der einzige Eigenwert ist $\lambda = 5$.

$$\det\left[\lambda \mathfrak{E} - \begin{pmatrix} 7 & -6 \\ -2 & 3 \end{pmatrix}\right] = \begin{vmatrix} \lambda - 7 & 6 \\ 2 & \lambda - 3 \end{vmatrix} = \lambda^2 - 10\lambda + 9 = (\lambda - 9)(\lambda - 1) = 0 \Longleftrightarrow$$

$\lambda = 9$ oder $\lambda = 1$. Es liegen zwei verschiedene Eigenwerte vor.

$$\det\left[\lambda\mathcal{E} - \begin{pmatrix} 0 & 1 \\ -q & -p \end{pmatrix}\right] = \begin{vmatrix} \lambda & -1 \\ q & \lambda+p \end{vmatrix} = \lambda^2 + p\lambda + q = 0 \iff$$

$$\lambda_{1|2} = -\frac{p}{2} \pm \sqrt{\frac{p^2}{4} - q}$$

$$\det\left[\lambda\mathcal{E} - \begin{pmatrix} 7 & 3 & -3 \\ -2 & 0 & 1 \\ 4 & 0 & -1 \end{pmatrix}\right] = \begin{vmatrix} \lambda-7 & -3 & 3 \\ 2 & \lambda & -1 \\ -4 & 0 & \lambda+1 \end{vmatrix} = \lambda^3 - 6\lambda^2 + 11\lambda - 6 =$$

$= (\lambda-1)\cdot(\lambda-2)\cdot(\lambda-3)$. Die Eigenwerte sind $\lambda_1 = 1$, $\lambda_2 = 2$, $\lambda_3 = 3$.

$$\det\left[\lambda\mathcal{E} - \begin{pmatrix} 0 & 1 & 0 \\ 0 & 0 & 1 \\ -c & -b & -a \end{pmatrix}\right] = \begin{vmatrix} \lambda & -1 & 0 \\ 0 & \lambda & -1 \\ c & b & \lambda+a \end{vmatrix} = \lambda^3 + a\lambda^2 + b\lambda + c.$$

Anmerkung: Die eben untersuchte Matrix bezeichnet man als die Begleitmatrix zur charakteristischen Gleichung $\lambda^3 + a\lambda^2 + b\lambda + c = 0$, der allgemeinen Gleichung 3. Grades.

b) Nach 3.26 sind die Eigenwerte Lösung der charakteristischen Gleichung
$\det(\lambda\mathcal{E} - \mathfrak{A}_r) = \lambda^2 - 3(r-1)\lambda + 2(r-1)^2 \underset{\text{Vieta}}{=} [\lambda - (r-1)]\cdot[\lambda - 2(r-1)] = 0$,
also $\lambda_1 = r-1$, $\lambda_2 = 2(r-1)$.

Wir bestimmen die Eigenvektoren (Eigenräume):

$$(\lambda_1\mathcal{E} - \mathfrak{A}_r)\mathfrak{x} = \begin{pmatrix} 2 & 2 \\ -(r+1) & -(r+1) \end{pmatrix}\mathfrak{x} = \mathfrak{o} \iff 2x + 2y = 0, \quad y = -x,$$

also U_1 = Winkelhalbierende des 2./4. Quadranten.

$$(\lambda_2\mathcal{E} - \mathfrak{A}_r)\mathfrak{x} = \begin{pmatrix} r+1 & 2 \\ -(r+1) & -2 \end{pmatrix}\mathfrak{x} = \mathfrak{o} \iff (r+1)x + 2y = 0, \quad y = -\frac{r+1}{2}x,$$

also U_2 = Ursprungsgerade mit Steigung $-\frac{r+1}{2}$.

Die aus Eigenvektoren bestehenden eindimensionalen Unterräume U_1, U_2 liegen genau dann senkrecht zueinander, wenn für die zugehörigen Geradensteigungen m_1, m_2 gilt

$$m_1 \cdot m_2 = (-1)\cdot\left(-\frac{r+1}{2}\right) = -1, \quad r = -3.$$

Demnach gibt es nur zu $\mathfrak{A}_{-3}$ eine aus Eigenvektoren bestehende Orthonormalbasis des $\mathbb{R}^2$, genauer:

Bezogen auf $\mathfrak{A}_{-3} = \begin{pmatrix} -6 & -2 \\ -2 & -6 \end{pmatrix}$ ist $\left\{\frac{1}{\sqrt{2}}\begin{pmatrix} 1 \\ -1 \end{pmatrix}\right\}$ eine Basis von U_1, $\left\{\frac{1}{\sqrt{2}}\begin{pmatrix} 1 \\ 1 \end{pmatrix}\right\}$ eine solche von U_2 und natürlich $\left\{\frac{1}{\sqrt{2}}\begin{pmatrix} 1 \\ -1 \end{pmatrix}, \frac{1}{\sqrt{2}}\begin{pmatrix} 1 \\ 1 \end{pmatrix}\right\}$

eine Orthonormalbasis des $\mathbb{R}^2$.

Anmerkung: Mit Hilfe von A 28 geht's schneller! Hiernach muß $\mathfrak{A}_r$ eine allgemeine Eulersche Affinität darstellen, also die Gestalt $\begin{pmatrix} a & b \\ b & d \end{pmatrix}$ besitzen.

$\Rightarrow -2 = 1 + r, \quad r = -3$!

Für einen Fixpunkt $\mathfrak{x} \neq \mathfrak{o}$ muß gelten: $\mathfrak{A}_r \mathfrak{x} = \mathfrak{x}$, $(\mathfrak{E} - \mathfrak{A}_r)\mathfrak{x} = \mathfrak{o}$, insbesondere det $(\mathfrak{E} - \mathfrak{A}_r) = 0$ ($\rightarrow$ 3.25). Dies ist nach der Eigenwert-Bestimmung zu Beginn der Fall für

$$1 = \lambda_1 = r - 1 \quad \text{oder} \quad 1 = \lambda_2 = 2(r-1) , \quad \text{m.a.W. für } r = 2 \text{ bzw. } r = \frac{3}{2} .$$

Die Fixpunktgeraden sind damit

U_1 = Winkelhalbierende des 2./4.Quadranten für $\mathfrak{A}_2 = \begin{pmatrix} -1 & -2 \\ 3 & 4 \end{pmatrix}$,

U_2 = Ursprungsgerade mit Steigung $-\frac{r+1}{2} = -\frac{5}{4}$ für $\mathfrak{A}_{\frac{3}{2}} = \begin{pmatrix} -1{,}5 & -2 \\ 2{,}5 & 3 \end{pmatrix}$.

c) $\mathfrak{A}$ besitzt genau dann einen Fixpunkt $\overline{\mathfrak{x}} \in \mathbf{R}^2$, wenn $A\overline{\mathfrak{x}} = \overline{\mathfrak{x}}$, also das homogene Gleichungssystem ($\rightarrow$ 5.3) $(\mathfrak{E} - \mathfrak{A})\mathfrak{x} = \mathfrak{o}$ die Lösung $\mathfrak{x} = \overline{\mathfrak{x}}$ besitzt. Gemäß 3.24-3.26 muß im Fall $\overline{\mathfrak{x}} \neq \mathfrak{o}$ gelten: det $(\mathfrak{E} - \mathfrak{A}) = 0$. Tatsächlich ist nach Voraussetzung

$$\det(\mathfrak{E} - \mathfrak{A}) = \begin{vmatrix} 1-a & -b \\ -b & 1+a \end{vmatrix} = 1 - a^2 - b^2 = 0 .$$

Also ist die durch $\{\lambda \overline{\mathfrak{x}} \mid \lambda \in \mathbf{R}\}$ bestimmte Ursprungsgerade g Fixpunktgerade der Abbildung:

$$\mathfrak{A} \cdot (\lambda \overline{\mathfrak{x}}) = \lambda \mathfrak{A} \overline{\mathfrak{x}} = \lambda \overline{\mathfrak{x}} .$$

Wir bestimmen die Steigung von g: $\overline{\mathfrak{x}} = \begin{pmatrix} x \\ y \end{pmatrix}$ ist Lösung des linearen

Gleichungssystems $\begin{cases} (1-a)x - by = 0 \\ -bx + (1+a)y = 0 . \end{cases}$

Für $a = -1$ ($\Longrightarrow b = 0$ wegen $a^2 + b^2 = 1$) ergibt sich aus der 1. Zeile $-2x = 0$, m.a.W.: g = y-Achse ; für $a \neq -1$ aus der 2. Zeile (die 1. ist wegen det $(\mathfrak{E} - \mathfrak{A}) = 0$ ein Vielfaches von ihr): $y = \frac{b}{1+a} \cdot x$.

A 23 a) Alle Punkte mit gleicher x-Koordinate haben das gleiche Bild, die Abbildung ist nicht eindeutig umkehrbar, also keine Affinität.

b) Es handelt sich um eine Affinität (bis auf den in a) vorliegenden Spezialfall)! Wir begnügen uns beim Nachweis mit einer Plausibilitätsüberlegung: Man denke sich in die "Faltkarte" EE' von der Kante her zwei Ebenen F, G parallel eingeschoben (Abb. 34). Die Schnitte E ∩ F, E ∩ G stellen parallele Geraden in E dar, die bei der Projektion in die parallelen Geraden E' ∩ F, E' ∩ G übergehen. Nach 4.1.1 ist folglich die Parallelprojektion eine affine Abbildung.

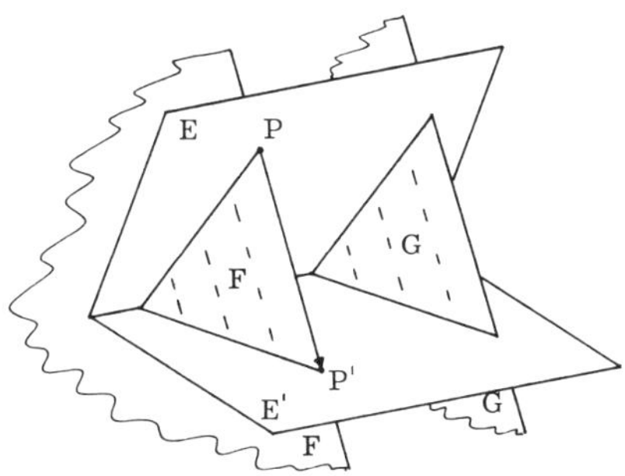

Abb. 34

c) Beispielsweise liegen die Punkte (0|1), (1|2), (2|3) auf einer Geraden (nämlich $y = x+1$). Ihre Bilder unter der gegebenen Abbildung

$$A(\mathfrak{x}) = x^3 \begin{pmatrix}1\\2\end{pmatrix} + y^3 \begin{pmatrix}3\\1\end{pmatrix}$$

sind (3|1), (25|10), (89|43). Sie liegen nicht auf einer Geraden, da die beiden Vektoren

$$\begin{pmatrix}25\\10\end{pmatrix} - \begin{pmatrix}3\\1\end{pmatrix}, \quad \begin{pmatrix}89\\43\end{pmatrix} - \begin{pmatrix}25\\10\end{pmatrix}$$

nicht-parallel, d.h. linear unabhängig sind:

$$\begin{vmatrix}25-3 & 89-25\\10-1 & 43-10\end{vmatrix} = \begin{vmatrix}22 & 64\\9 & 33\end{vmatrix} = 150 \neq 0.$$

Nach 4.1.1 ist A **k e i n e** Affinität!

d) Mit festen Punkten T, T' und variablem Punkt P ist nach Voraussetzung $\overrightarrow{T'P'} = 2\,\overrightarrow{TP}$. Wir benutzen 4.1.2: Sei für beliebige Punkte P, Q, R, S des $\mathbf{R}^2$ $\overrightarrow{PQ} = c \cdot \overrightarrow{RS}$. Dann gilt

$$\overrightarrow{P'Q'} = \overrightarrow{P'T'} + \overrightarrow{T'Q'} = 2\,\overrightarrow{PT} + 2\,\overrightarrow{TQ} = 2\,\overrightarrow{PQ} = 2\,c\,\overrightarrow{RS} =$$
$$= c\,(2\,\overrightarrow{RT} + 2\,\overrightarrow{TS}) = c\,(\overrightarrow{R'T'} + \overrightarrow{T'S'}) = c\,\overrightarrow{R'S'}.$$

Also ist die gegebene Abbildung eine Affinität!

e) Zu untersuchen ist A: P(x|y) $\longrightarrow$ P'(2x + 3|-x + 7,5 y). Mit $\mathfrak{x} = \begin{pmatrix}x\\y\end{pmatrix}$

wird $A(\mathfrak{x}) = \begin{pmatrix}2x+3\\-x+7{,}5\,y\end{pmatrix} = \begin{pmatrix}2x\\-x+7{,}5\,y\end{pmatrix} + \begin{pmatrix}3\\0\end{pmatrix} = \begin{pmatrix}2 & 0\\-1 & 7{,}5\end{pmatrix} \cdot \begin{pmatrix}x\\y\end{pmatrix} + \begin{pmatrix}3\\0\end{pmatrix}$

$$= \mathfrak{A}\mathfrak{x} + \mathfrak{b}, \quad \text{wobei } \mathfrak{A} = \begin{pmatrix}2 & 0\\-1 & 7{,}5\end{pmatrix}, \quad \mathfrak{b} = \begin{pmatrix}3\\0\end{pmatrix}.$$

Dabei ist det $\mathfrak{A} = 14 \neq 0$, also A eine Affinität nach 4.1.3

f) Wir formen um: $A(\mathfrak{x}) = x \begin{pmatrix}1\\1\end{pmatrix} + (x-y) \begin{pmatrix}1\\2\end{pmatrix} + \begin{pmatrix}3\\4\end{pmatrix}(1-y) =$

$$= x \begin{pmatrix}1\\1\end{pmatrix} + x \begin{pmatrix}1\\2\end{pmatrix} - y \begin{pmatrix}1\\2\end{pmatrix} - y \begin{pmatrix}3\\4\end{pmatrix} + \begin{pmatrix}3\\4\end{pmatrix} = x \begin{pmatrix}2\\3\end{pmatrix} - y \begin{pmatrix}4\\6\end{pmatrix} + \begin{pmatrix}3\\4\end{pmatrix}.$$

Die Darstellung entspricht dem Augenschein nach derjenigen in 4.1.4, die entsprechenden Vektoren $\mathfrak{a}$, $\mathfrak{b}$ sind aber linear abhängig:

$$-\begin{pmatrix}4\\6\end{pmatrix} = (-2) \cdot \begin{pmatrix}2\\3\end{pmatrix},$$

die Abbildung nicht eindeutig umkehrbar (alle Punkte der Geraden $y = \frac{1}{2}x + n$ haben das gleiche Bild). Es handelt sich **n i c h t** um eine Affinität!

A 24 a) P': $\begin{pmatrix}2 & 4\\1 & 5\end{pmatrix} \cdot \begin{pmatrix}1\\2\end{pmatrix} + \begin{pmatrix}-1\\1\end{pmatrix} = \begin{pmatrix}2\cdot1+4\cdot2\\1\cdot1+5\cdot2\end{pmatrix} + \begin{pmatrix}-1\\1\end{pmatrix} = \begin{pmatrix}9\\12\end{pmatrix}$

Q': $\begin{pmatrix}2 & 4\\1 & 5\end{pmatrix} \cdot \begin{pmatrix}3\\1\end{pmatrix} + \begin{pmatrix}-1\\1\end{pmatrix} = \begin{pmatrix}9\\9\end{pmatrix}$; R': $\begin{pmatrix}2 & 4\\1 & 5\end{pmatrix} \cdot \begin{pmatrix}2\\3\end{pmatrix} + \begin{pmatrix}-1\\1\end{pmatrix} = \begin{pmatrix}15\\18\end{pmatrix}$.

Also: P' (9|12), Q'(9|9), R'(15|18)

b) $|F| = \frac{1}{2}\begin{vmatrix} 1 & 2 & 1 \\ 3 & 1 & 1 \\ 2 & 3 & 1 \end{vmatrix} = \frac{1}{2}\begin{vmatrix} 0 & 1 & 1 \\ 2 & 0 & 1 \\ 1 & 2 & 1 \end{vmatrix} = \frac{1}{2}\left[-2 \cdot \begin{vmatrix} 1 & 1 \\ 2 & 1 \end{vmatrix} + 1 \cdot \begin{vmatrix} 1 & 1 \\ 0 & 1 \end{vmatrix}\right]$

$= \frac{1}{2}\left[(-2) \cdot (-1) + 1\right] = \frac{3}{2}$

$|F'| = \frac{1}{2}\begin{vmatrix} 9 & 12 & 1 \\ 9 & 9 & 1 \\ 15 & 18 & 1 \end{vmatrix} = \frac{1}{2}\begin{vmatrix} 0 & 3 & 1 \\ 0 & 0 & 1 \\ 6 & 9 & 1 \end{vmatrix} = \frac{1}{2} \cdot 6 \cdot 3 = 9.$

Wegen $|F'| \neq |F|$ ist A n i c h t flächentreu. Das Übertragungsverhältnis ist $\frac{|F'|}{|F|} = \frac{9}{\frac{3}{2}} = 6$ (> 0, also A gleichsinnig), in Übereinstimmung mit $\det \mathfrak{A} = \begin{vmatrix} 2 & 4 \\ 1 & 5 \end{vmatrix} = 6$ gemäß 4.2.

c) Die Gerade $y = -x + 3$ läßt sich vektoriell beschreiben in der Form

$$\mathfrak{x} = \begin{pmatrix} t \\ -t+3 \end{pmatrix}, \quad t \in \mathbb{R} .$$

Das Bild ist $A(\mathfrak{x}) = \begin{pmatrix} 2 & 4 \\ 1 & 5 \end{pmatrix} \cdot \begin{pmatrix} t \\ -t+3 \end{pmatrix} + \begin{pmatrix} -1 \\ 1 \end{pmatrix} = \begin{pmatrix} -2t+11 \\ -4t+16 \end{pmatrix}$.

Mit $x = -2t + 11$, $y = -4t + 16$ erhalten wir hieraus durch Elimination von t:

$$y = 2(-2t + 11) - 22 + 16 = 2x - 6 .$$

Zum Urbild von $y = x + 1$: Am einfachsten ist es, die Transformationsgleichungen zu benutzen: Es ist $y' = x' + 1$ und $y' = x + 5y + 1$, $x' = 2x + 4y - 1$. Durch Einsetzen wird

$x + 5y + 1 = (2x + 4y - 1) + 1 , \quad y = x - 1 .$

Ein anderer Weg führt über 3.23: $\mathfrak{A}^{-1} = \frac{1}{6}\begin{pmatrix} 5 & -4 \\ -1 & 2 \end{pmatrix}$.

Wir stellen $y = x + 1$ dar in der Form $\mathfrak{x}' = \begin{pmatrix} t \\ t+1 \end{pmatrix}$, $t \in \mathbb{R}$, so daß aus $\mathfrak{x}' = \mathfrak{A}\mathfrak{x} + \mathfrak{b}$ folgt:

$\mathfrak{x} = \mathfrak{A}^{-1}(\mathfrak{A}\mathfrak{x}) = \mathfrak{A}^{-1}(\mathfrak{x}' - \mathfrak{b}) = \frac{1}{6}\begin{pmatrix} 5 & -4 \\ -1 & 2 \end{pmatrix} \cdot \left[\begin{pmatrix} t \\ t+1 \end{pmatrix} - \begin{pmatrix} -1 \\ 1 \end{pmatrix}\right] =$

$= \frac{1}{6}\begin{pmatrix} 5 & -4 \\ -1 & 2 \end{pmatrix}\begin{pmatrix} t+1 \\ t \end{pmatrix} = \frac{1}{6}\begin{pmatrix} t+5 \\ t-1 \end{pmatrix}$; $\Rightarrow$

$y = \frac{1}{6}(t - 1) = \frac{1}{6}(t + 5) - 1 = x - 1 .$

d) Für einen Fixpunkt gilt $A(\mathfrak{x}) = \mathfrak{x}$, d.h. $\mathfrak{A}\mathfrak{x} + \mathfrak{b} = \mathfrak{x}$, als lineares Gleichungssystem in der Form 5.2

$(\mathfrak{A} - \mathfrak{E})\mathfrak{x} = -\mathfrak{b}$, $\begin{pmatrix} 1 & 4 \\ 1 & 4 \end{pmatrix}\mathfrak{x} = \begin{pmatrix} 1 \\ -1 \end{pmatrix}$, $\begin{cases} x + 4y = 1 \\ x + 4y = -1 . \end{cases}$

Dieses System ist natürlich nicht lösbar, also gibt es auch keine Fixpunkte.

A 25 a) Die Aufgabe ist gelöst in A 36; man erhält

$$A(\mathfrak{x}) = \mathfrak{A}\mathfrak{x} + \mathfrak{b} = \begin{pmatrix} 2 & 4 \\ 1 & 5 \end{pmatrix}\mathfrak{x} + \begin{pmatrix} -1 \\ 1 \end{pmatrix} .$$

Der Vektor $\mathfrak{b}$ (= $A(\mathfrak{o})$) läßt sich sofort aus folgendem (leicht beweisbaren) Sachverhalt vorweg berechnen und damit die Gesamtüberlegung vereinfachen:

Sei A: $\mathbf{R}^2 \to \mathbf{R}^2$ affin und durch A den Vektoren $\mathfrak{x}, \mathfrak{y}, \mathfrak{z}$ die Bilder $\mathfrak{x}', \mathfrak{y}', \mathfrak{z}'$ zugeordnet. Ist dann für geeignete $\lambda, \mu, \nu \in \mathbf{R}$

$$\frac{\lambda\mathfrak{x} + \mu\mathfrak{y} + \nu\mathfrak{z}}{\lambda + \mu + \nu} = \mathfrak{o}, \quad \text{so} \quad \frac{\lambda\mathfrak{x}' + \mu\mathfrak{y}' + \nu\mathfrak{z}'}{\lambda + \mu + \nu} = A(\mathfrak{o}) .$$

In unserem Fall ist hiernach beispielsweise für

$$\mathfrak{x} = \begin{pmatrix} 1 \\ 1 \end{pmatrix}, \quad \mathfrak{y} = \begin{pmatrix} 4 \\ 2 \end{pmatrix}, \quad \mathfrak{z} = \begin{pmatrix} 3 \\ 4 \end{pmatrix} \quad \text{und} \quad \lambda = -10,\ \mu = 1,\ \nu = 2$$

$$\mathfrak{b} = \frac{-10 \cdot \begin{pmatrix} 5 \\ 7 \end{pmatrix} + 1 \cdot \begin{pmatrix} 15 \\ 15 \end{pmatrix} + 2 \cdot \begin{pmatrix} 21 \\ 24 \end{pmatrix}}{-10 + 1 + 2} = \begin{pmatrix} -1 \\ 1 \end{pmatrix} .$$

b) Als affine Abbildung hat A die Gestalt $\mathfrak{A}(\mathfrak{x}) = A\mathfrak{x} + \mathfrak{b}$ mit $\mathfrak{A} = \begin{pmatrix} a & b \\ c & d \end{pmatrix}$.

Da $\mathfrak{o}$ Fixpunkt, ist $A(\mathfrak{o}) = \mathfrak{o}$, also $\mathfrak{b} = \mathfrak{o}$.

Daß $y = 3x$ Fixgerade ist, besagt: der auf $y = 3x$ liegende Vektor $\begin{pmatrix} 1 \\ 3 \end{pmatrix}$ wird auf ein Vielfaches von $\begin{pmatrix} 1 \\ 3 \end{pmatrix}$ abgebildet, ist also Eigenvektor von A, m.a.W.: $\begin{pmatrix} 1 \\ 3 \end{pmatrix}$ und $A(\begin{pmatrix} 1 \\ 3 \end{pmatrix})$ sind linear abhängig:

$$\det\left(\begin{pmatrix} 1 \\ 3 \end{pmatrix}, \mathfrak{A} \cdot \begin{pmatrix} 1 \\ 3 \end{pmatrix}\right) = \begin{vmatrix} 1 & a + 3b \\ 3 & c + 3d \end{vmatrix} = c + 3d - 3(a+3b) = 0 .$$

Wir nutzen jetzt aus, daß g: $y = x - 3$ auf h: $y = 5x + 3$ abgebildet wird: g läßt sich darstellen in der Form

$$\mathfrak{x} = \begin{pmatrix} t \\ t-3 \end{pmatrix}, \quad t \in \mathbf{R}. \quad \text{Damit wird}$$

$$A(\mathfrak{x}) = \begin{pmatrix} a & b \\ c & d \end{pmatrix} \cdot \begin{pmatrix} t \\ t-3 \end{pmatrix} = \begin{pmatrix} at + bt - 3b \\ ct + dt - 3d \end{pmatrix} = \begin{pmatrix} (a+b)t - 3b \\ (c+d)t - 3d \end{pmatrix} .$$

Durchläuft t ganz $\mathbf{R}$, so $A(\mathfrak{x})$ die Gerade h, d.h.: für $x = (a+b)t - 3b$, $y = (c+d)t - 3d$ ist $y = 5x + 3$. Wir erhalten hieraus die für beliebige t gültige Gleichung

$$(c+d)t - 3d = 5(a+b)t - 15b + 3, \quad [c + d - 5(a+b)]\,t = 3(d - 5b + 1)$$

und schließen hieraus

$$c + d - 5(a+b) = 0, \qquad d - 5b + 1 = 0.$$

Noch haben wir nicht ausgenutzt, daß A flächentreu sein soll: $\det \mathfrak{A} = ad - bc = 1$.

Wir stellen jetzt die erhaltenen Bestimmungsgleichungen für a, b, c, d zusammen:

I : $c + 3d = 3(a+3b)$ II : $c + d = 5(a+b)$

III : $d = 5b - 1$ IV : $ad - bc = 1$

Einsetzen von III in II und I liefert die Gleichungen $c = 5a + 1$, $c = 3a - 6b + 3$; durch Gleichsetzen erhalten wir $a = -3b + 1$ und damit $c = 5(-3b+1)+1 = -15b+6$. Wir haben jetzt a, c, d durch b ausgedrückt und tragen diese Terme in IV ein: $(-3b+1)\cdot(5b-1) - b\cdot(-15b+6) = 1$, folglich $b = 1$, $a = -2$, $d = 4$, $c = -9$.

Die gesuchte Abbildung lautet somit

$$A(\mathfrak{x}) = \begin{pmatrix} -2 & 1 \\ -9 & 4 \end{pmatrix} \mathfrak{x} \quad .$$

c) Wir transportieren beide Kreise (K: $(x-2)^2 + (y-1)^2 = 4$, K': $x^2 + (y-3)^2 = 25$) in den Ursprung: K mittels Translation " $+ \begin{pmatrix} -2 \\ -1 \end{pmatrix}$ " in $x^2 + y^2 = 4$, K' mittels " $+ \begin{pmatrix} 0 \\ -3 \end{pmatrix}$ " in $x^2 + y^2 = 25$.

Damit gehen die Peripheriepunkte P(4|1), P'(4|6) über in Q(2|0), Q'(4|3).
Das Problem, diese beiden konzentrischen Kreise so ineinander überzuführen, daß Q in Q' übergeht, ist einfacher zu lösen: Durch zentrische Streckung (→ 4.11, A 26) "blasen" wir zunächst $x^2 + y^2 = 4$ auf zu $x^2 + y^2 = 25$ (Radienverhältnis 5 : 2)

$$\mathfrak{x} = \begin{pmatrix} x \\ y \end{pmatrix} \longrightarrow \begin{pmatrix} \frac{5}{2} & 0 \\ 0 & \frac{5}{2} \end{pmatrix} \cdot \mathfrak{x} \quad .$$

Insbesondere wird

$$\mathfrak{x}_Q = \begin{pmatrix} 2 \\ 0 \end{pmatrix} \longrightarrow \begin{pmatrix} \frac{5}{2} & 0 \\ 0 & \frac{5}{2} \end{pmatrix} \cdot \begin{pmatrix} 2 \\ 0 \end{pmatrix} = \begin{pmatrix} 5 \\ 0 \end{pmatrix} ,$$

also Q zu (5|0). Jetzt führen wir den Punkt (5|0) durch Drehung (→4.12.4) um den Ursprung über in Q' (4|3): der Drehwinkel ergibt sich aus $\tan\alpha = \frac{3}{4}$, wonach

$$\cos\alpha = \frac{4}{5}, \quad \sin\alpha = \frac{3}{5}, \quad \alpha \approx 36{,}87^0$$

folgt. Wir haben also

$$\begin{pmatrix} \frac{5}{2} & 0 \\ 0 & \frac{5}{2} \end{pmatrix} \cdot \mathfrak{x} \longrightarrow \begin{pmatrix} \cos\alpha & -\sin\alpha \\ \sin\alpha & \cos\alpha \end{pmatrix} \cdot \begin{pmatrix} \frac{5}{2} & 0 \\ 0 & \frac{5}{2} \end{pmatrix} \cdot \mathfrak{x}$$

Die Gesamtabbildung wird damit zu (→ A 26 b))

$$A(\mathfrak{x}) = \begin{pmatrix} \frac{4}{5} & -\frac{3}{5} \\ \frac{3}{5} & \frac{4}{5} \end{pmatrix} \cdot \begin{pmatrix} \frac{5}{2} & 0 \\ 0 & \frac{5}{2} \end{pmatrix} \cdot \left(\mathfrak{x} - \begin{pmatrix} 2 \\ 1 \end{pmatrix}\right) + \begin{pmatrix} 0 \\ 3 \end{pmatrix} = \begin{pmatrix} 2 & -\frac{3}{2} \\ \frac{3}{2} & 2 \end{pmatrix} \cdot \mathfrak{x} - \begin{pmatrix} \frac{5}{2} \\ 2 \end{pmatrix} \quad .$$

A 26 a) Sei A: P $\rightarrow$ P' eine Drehstreckung mit Zentrum Z (Ortsvektor $\mathfrak{x}_F$), Drehwinkel α und Streckfaktor λ. Beim Übergang P $\rightarrow$ P' wird also P um Z mit Winkel α gedreht und anschließend von Z aus auf die λ-fache Entfernung gebracht (Abb. 35 a)).

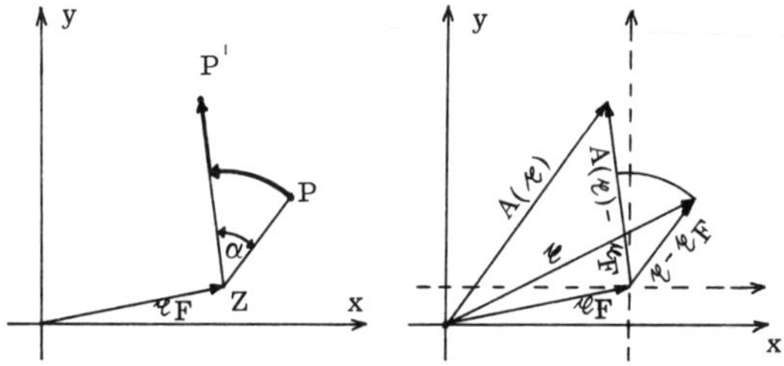

Abb. 35 a) b)

Nach Abb.35 b) stellt die Zuordnung $\mathfrak{x} - \mathfrak{x}_F \rightarrow A(\mathfrak{x}) - \mathfrak{x}_F$ eine Drehstreckung um den Ursprung eines Koordinatensystems mit Z als Ursprung dar. Es ist folglich nach 4.11

$$A(\mathfrak{x}) - \mathfrak{x}_F = \mathfrak{A} \cdot (\mathfrak{x} - \mathfrak{x}_F) \quad \text{mit} \quad \mathfrak{A} = \begin{pmatrix} c & -s \\ s & c \end{pmatrix}, \quad c^2 + s^2 > 0 \,.$$

Wir formen noch um: $A(\mathfrak{x}) = \mathfrak{A}\mathfrak{x} + (\mathfrak{E} - \mathfrak{A})\mathfrak{x}_F$.

b) Die Abbildung aus A 25 c) lautete

$$A(\mathfrak{x}) = \mathfrak{A}\mathfrak{x} + \mathfrak{b} \quad \text{mit} \quad \mathfrak{A} = \begin{pmatrix} 2 & -\frac{3}{2} \\ \frac{3}{2} & 2 \end{pmatrix}, \quad \mathfrak{b} = \begin{pmatrix} -\frac{5}{2} \\ -2 \end{pmatrix}.$$

Tatsächlich ist A gemäß Aufgabenteil a) eine Drehstreckung mit $\mathfrak{b} = (\mathfrak{E} - \mathfrak{A})\mathfrak{x}_F$, also $\mathfrak{x}_F = (\mathfrak{E} - \mathfrak{A})^{-1}\mathfrak{b}$ ($\rightarrow$ 3.21, 5.7). Wir berechnen $\mathfrak{x}_F$: Zunächst hat man

$$\mathfrak{E} - \mathfrak{A} = \begin{pmatrix} 1 & 0 \\ 0 & 1 \end{pmatrix} - \begin{pmatrix} 2 & -\frac{3}{2} \\ \frac{3}{2} & 2 \end{pmatrix} = \begin{pmatrix} -1 & \frac{3}{2} \\ -\frac{3}{2} & -1 \end{pmatrix}, \quad \text{nach 3.2.3}$$

$$(\mathfrak{E} - \mathfrak{A})^{-1} = \frac{1}{1 + (\frac{3}{2})^2} \begin{pmatrix} -1 & -\frac{3}{2} \\ \frac{3}{2} & -1 \end{pmatrix} = \frac{2}{13} \begin{pmatrix} -2 & -3 \\ 3 & -2 \end{pmatrix}, \quad \text{sodann}$$

$$\mathfrak{x}_F = \frac{2}{13} \begin{pmatrix} -2 & -3 \\ 3 & -2 \end{pmatrix} \cdot \begin{pmatrix} -\frac{5}{2} \\ -2 \end{pmatrix} = \frac{1}{13} \begin{pmatrix} 2 & 3 \\ -3 & 2 \end{pmatrix} \cdot \begin{pmatrix} 5 \\ 4 \end{pmatrix} = \frac{1}{13} \begin{pmatrix} 22 \\ -7 \end{pmatrix}.$$

Das Zentrum der Drehstreckung ist danach Z $(\frac{22}{13} \mid -\frac{7}{13})$, der Drehwinkel laut 25 c) $\alpha = 36{,}87^0$, der Streckfaktor $\lambda = +\sqrt{|\det \mathfrak{A}|} = \frac{5}{2}$.

A 27 a) Betrachten wir zunächst eine Spiegelung an einer Ursprungsgeraden g_0, Neigungswinkel α. Sie läßt sich nach Abb. 36 ersetzen durch eine Drehung um $-\alpha$ $(P \to P_1)$,

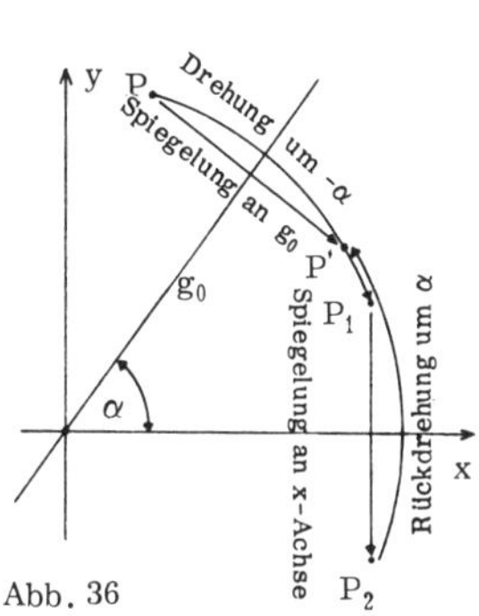

Abb. 36

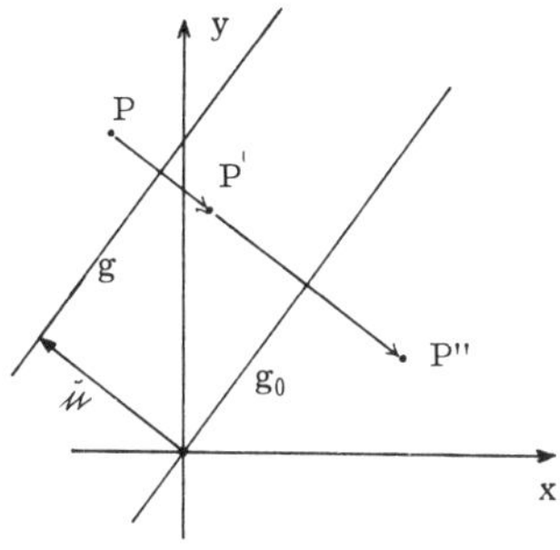

Abb. 37

Spiegelung an der x-Achse $(P_1 \longrightarrow P_2)$
und anschließende Rückdrehung um α $(P_2 \to P_1)$, d.h. $(\to 3.15)$

$$\mathfrak{Spieg}_{g_0} = \mathfrak{Dreh}_\alpha \cdot \mathfrak{Spieg}_x \cdot \mathfrak{Dreh}_{-\alpha} ,$$

$$(*) \quad \mathfrak{A} = \begin{pmatrix} c & -s \\ s & c \end{pmatrix} \cdot \begin{pmatrix} 1 & 0 \\ 0 & -1 \end{pmatrix} \cdot \begin{pmatrix} c & s \\ -s & c \end{pmatrix} = \begin{pmatrix} c^2 - s^2 & 2\,cs \\ 2\,cs & s^2 - c^2 \end{pmatrix} .$$

Mit $a = c^2 - s^2$, $b = 2\,cs$ ist $a^2 + b^2 = c^4 - 2\,c^2s^2 + s^4 + 4\,c^2s^2 = (c^2 + s^2)^2 = 1$

und $\mathfrak{A} = \begin{pmatrix} a & b \\ b & -a \end{pmatrix}$.

Den Fall der Spiegelung an einer beliebigen Geraden g führen wir auf die obige Situation zurück: Sei g_0 die zu g parallele Ursprungsgerade, $\mathfrak{u}$ der g_0 mit g verbindende Normalenvektor (Abb. 37). Das Spiegelbild von P (bzw. P') an g (bzw. g_0) sei P' (bzw. P'').

Wegen $\overrightarrow{P''P} = 2\,\mathfrak{u}$ ist $A(\mathfrak{x}) = \mathfrak{Spieg}_{g_0} \cdot \mathfrak{x} + 2\,\mathfrak{u}$.

b) Sei $\mathfrak{A} = \begin{pmatrix} a & b \\ b & -a \end{pmatrix}$ mit $a^2 + b^2 = 1$ gegeben. Wir gehen mit unbekannten $c, s \in \mathbb{R}$ vom Ansatz (*), Teilaufgabe a), aus, fragen also nach der Auflösung der Gleichungen $a = c^2 - s^2$, $b = 2\,cs$.
Wie dort ist zunächst $(c^2 + s^2)^2 = a^2 + b^2$, also $c^2 + s^2 = 1$.
Die Fälle $a = \pm 1$ (d.h. $b = 0$) sind uns längst bekannt:

$$\mathfrak{Spieg}_x = \begin{pmatrix} 1 & 0 \\ 0 & -1 \end{pmatrix} , \quad \mathfrak{Spieg}_y = \begin{pmatrix} -1 & 0 \\ 0 & 1 \end{pmatrix} ,$$

so daß wir $-1 < a < 1$, $b \neq 0$ voraussetzen dürfen. Wir multiplizieren die erste Gleichung mit c^2 ($\neq 0$, da sonst $b = 2\,c\,s = 0$ wäre!)

$$a\,c^2 = (c^2 - s^2)\,c^2 = c^4 - c^2s^2 = c^4 - \frac{(2\,c\,s)^2}{4} = c^4 - \frac{b^2}{4} .$$

Die entstandene (bi-) quadratische Gleichung $c^4 - a c^2 - \frac{b^2}{4} = 0$ hat die Lösungen

$$c^2 = \frac{a}{2} \pm \sqrt{\frac{a^2}{4} + \frac{b^2}{4}} = \frac{a}{2} \pm \frac{1}{2} = \frac{a \pm 1}{2} \quad .$$

Dabei kommt das " - "-Zeichen nicht in Frage: nach Voraussetzung ist $c^2 > 0$ und $a < 1$!

Aus der gesuchten Drehmatrix $\mathfrak{Dreh}_\alpha = \begin{pmatrix} c & -s \\ s & c \end{pmatrix}$ ergibt sich damit der Neigungswinkel α der Spiegelachse zu

$$\tan \alpha = \frac{s}{c} = \frac{2cs}{2c^2} = \frac{b}{a+1} \qquad (\rightarrow \text{A 22 c)}) \ .$$

A 28 Wir zeigen der Reihe nach: a) $\Rightarrow$ b), b) $\Rightarrow$ c) (schwierig!), c) $\Rightarrow$ a).

a) $\Rightarrow$ b): Die Eigenwerte zu $\mathfrak{A} = \begin{pmatrix} a & b \\ b & d \end{pmatrix}$ berechnen sich nach 3.26:

$$\det(\mathfrak{A} - \lambda \mathfrak{E}) = \begin{vmatrix} a-\lambda & b \\ b & d-\lambda \end{vmatrix} = \lambda^2 - (a+d)\lambda + ad - b^2 = 0 \iff$$

$$\lambda_{1|2} = \frac{a+d}{2} \pm \sqrt{\frac{(a+d)^2}{4} - ad + b^2} = \frac{1}{2}\left[a+d \pm \sqrt{(a-d)^2 + 4b^2}\,\right].$$

Der Radikand $(a-d)^2 + 4b^2$ ist $\geqq 0$, so daß stets zwei (nicht notwendig verschiedene) Eigenwerte existieren. Zur Bestimmung der Eigenvektoren dient das lineare Gleichungssystem $(\mathfrak{A} - \lambda_{1|2}\mathfrak{E}) \cdot \mathfrak{x} = \mathfrak{o}$ $(\rightarrow 3.26)$, d.h.

$$\begin{aligned} (a - \lambda_{1|2})\,x + by &= 0 \\ bx + (a - \lambda_{1|2})\,y &= 0 \ . \end{aligned}$$

Der Fall $b = 0$ führt auf $\mathfrak{A} = \begin{pmatrix} a & 0 \\ 0 & d \end{pmatrix}$, eine Euler-Affinität also, die die Koordinatenachsen als Fixgeraden hat. Wir dürfen also $b \neq 0$ voraussetzen und erhalten aus der ersten der beiden Gleichungen für λ_1 die Fixgerade $y = \frac{\lambda_1 - a}{b} \cdot x$, für λ_2 entsprechend $y = \frac{\lambda_2 - a}{b} \cdot x$.

Das Produkt der Steigungen ist

$$\frac{\lambda_1 - a}{b} \cdot \frac{\lambda_2 - a}{b} = \frac{1}{b^2}\left[\lambda_1\lambda_2 - a(\lambda_1 + \lambda_2) + a^2\right] \overset{\text{Vieta!}}{=} \frac{1}{b^2}\left[(ad - b^2) - a(a+d) + a^2\right] = -1 \ ,$$

folglich stehen die Geraden senkrecht aufeinander.

b) $\Rightarrow$ c): Nach Voraussetzung in b) gibt es Vektoren $\mathfrak{u}, \mathfrak{v}$ mit den Eigenschaften $(\rightarrow 3.24)$

$$\mathfrak{A}\mathfrak{u} = \lambda_1 \mathfrak{u}\ , \quad \mathfrak{A}\mathfrak{v} = \lambda_2 \mathfrak{v}\ , \quad \mathfrak{u} \circ \mathfrak{v} = 0\ , \quad |\mathfrak{u}| = |\mathfrak{v}| = 1.$$

Die Matrix $(\mathfrak{u}, \mathfrak{v})$ ist danach orthogonal $(\rightarrow 4.13)$ und wir denken uns $\mathfrak{u}, \mathfrak{v}$ bereits in der Reihenfolge, daß $\det \mathfrak{A} = 1$ (nicht -1) wird. So stellt $(\mathfrak{u}, \mathfrak{v})$ sogar eine Drehung dar: $\mathfrak{Dreh}_\alpha = (\mathfrak{u}, \mathfrak{v})$. Da $\mathfrak{u}, \mathfrak{v}$ linear unabhängig sind, kann $\mathfrak{x} \in \mathbf{R}^2$ als Linearkombination von diesen beiden dargestellt werden:

$$\mathfrak{x} = r\mathfrak{u} + s\mathfrak{v} = (\mathfrak{u}, \mathfrak{v}) \cdot \begin{pmatrix} r \\ s \end{pmatrix} = \mathfrak{Dreh}_\alpha \cdot \begin{pmatrix} r \\ s \end{pmatrix}, \quad \text{folglich} \quad \begin{pmatrix} r \\ s \end{pmatrix} = \mathfrak{Dreh}_{-\alpha} \cdot \mathfrak{x} \ .$$

Damit wird

$$\mathfrak{A}\mathfrak{x} = \mathfrak{A}(r\mathfrak{u} + s\mathfrak{w}) = r\lambda_1\mathfrak{u} + s\lambda_2\mathfrak{w} = (\lambda_1\mathfrak{u}, \lambda_2\mathfrak{w})\cdot\begin{pmatrix} r\\ s\end{pmatrix} =$$

$$= (\mathfrak{u},\mathfrak{w})\cdot\begin{pmatrix}\lambda_1 & 0\\ 0 & \lambda_2\end{pmatrix}\cdot\begin{pmatrix} r\\ s\end{pmatrix} = \mathfrak{Dreh}_\alpha\cdot\begin{pmatrix}\lambda_1 & 0\\ 0 & \lambda_2\end{pmatrix}\cdot\mathfrak{Dreh}_{-\alpha}\cdot\mathfrak{x}$$

$$= \mathfrak{Dreh}_\alpha\cdot\mathfrak{Eul}\cdot\mathfrak{Dreh}_{-\alpha}\cdot\mathfrak{x}$$

c) $\Rightarrow$ a): Habe $\mathfrak{A}$ den soeben notierten Aufbau mit $\mathfrak{Dreh}_\alpha = \begin{pmatrix} c & -s\\ s & c\end{pmatrix}$,

$c = \cos\alpha$, $s = \sin\alpha$. Dann ist

$$\mathfrak{A} = \begin{pmatrix} c & s\\ -s & c\end{pmatrix}\cdot\begin{pmatrix}\lambda_1 & 0\\ 0 & \lambda_2\end{pmatrix}\cdot\begin{pmatrix} c & -s\\ s & c\end{pmatrix} = \begin{pmatrix}\lambda_1 c & \lambda_2 s\\ -\lambda_1 s & \lambda_2 c\end{pmatrix}\cdot\begin{pmatrix} c & -s\\ s & c\end{pmatrix} =$$

$$= \begin{pmatrix}\lambda_1 c^2 + \lambda_2 s^2 & -\lambda_1 cs + \lambda_2 cs\\ -\lambda_1 cs + \lambda_2 cs & \lambda_1 s^2 + \lambda_2 c^2\end{pmatrix} = \begin{pmatrix} a & b\\ b & d\end{pmatrix},$$

wobei $a = \lambda_1 c^2 + \lambda_2 s^2$, $b = (\lambda_2 - \lambda_1)\,c\,s$, $d = \lambda_1 s^2 + \lambda_2 c^2$ gesetzt wurde.

A 29 a) Scherung in x-Richtung; $\to$ 4.6 b) Ähnlichkeitsabbildung; $\to$ 4.9.3
c) Kongruenzabbildung, Spiegelung an y-Achse; $\to$ 4.12, 4.7, A 27
d) Ähnlichkeitsabbildung, Drehstreckung; $\to$ 4.9.3., A 26. e) Euler-Affinität; $\to$ 4.5
f) Kongruenzabbildung, Spiegelung an $y = x$; $\to$ 4.7. g) Punktspiegelung an $(0|0)$
h) Kongruenzabbildung, Drehung; $\to$ 4.12.3 und 4.12.4
i) Kongruenzabbildung, Spiegelung; $\to$ 4.12.3, A 27
j) Ähnlichkeitsabbildung, zentrische Streckung; $\to$ 4.11
k) allgemeine Eulersche Affinität; $\to$ A 28. l) Ähnlichkeitsabbildung; $\to$ 4.9.3, A 29 b)
m) Scherung in y-Richtung; $\to$ 4.6. n) Schrägspiegelung
o) Euler-Affinität, senkrechte Achsenaffinität mit x-Achse als Achse
p) Achsenaffinität mit x-Achse als Achse.

A 30 Einer Scherung A: $\mathbb{R}^2 \to \mathbb{R}^2$ längs der x-Achse liegt nach 4.6 die Matrix

$$\mathfrak{S}_u = \begin{pmatrix} 1 & u\\ 0 & 1\end{pmatrix}, \quad u \in \mathbb{R},$$

zugrunde, einer Scherung längs einer beliebigen Achse mit Neigungswinkel α der Aufbau

$$A(\mathfrak{x}) = \mathfrak{D}_\alpha\cdot\mathfrak{S}_u\cdot\mathfrak{D}_{-\alpha}\cdot\mathfrak{x} + \mathfrak{b},$$

wobei wir zur Abkürzung $\mathfrak{D}_\alpha = \mathfrak{Dreh}_\alpha$, $\mathfrak{D}_{-\alpha} = \mathfrak{Dreh}_{-\alpha}$ gesetzt haben; dabei ist $\mathfrak{b} = A(\mathfrak{o})$ parallel zur Scherungsachse (= Fixpunktgerade), insbesondere also

$$\mathfrak{D}_\alpha\cdot\mathfrak{S}_u\cdot\mathfrak{D}_{-\alpha}\mathfrak{b} = \mathfrak{b}.$$

Gemäß Untergruppenkriterium 4.19 haben wir zu zeigen:

Ist $B(\mathfrak{x}) = \mathfrak{D}_\alpha\cdot\mathfrak{S}_v\cdot\mathfrak{D}_{-\alpha}\,\mathfrak{x} + \mathfrak{t}$ eine zweite solche Scherung ($\mathfrak{t}$ parallel zu $\mathfrak{b}$), so auch $A \bullet B^{-1}$.

Nach 3.23 gilt zunächst

$$\mathfrak{S}_v^{-1} = \begin{pmatrix} 1 & v\\ 0 & 1\end{pmatrix}^{-1} = \begin{pmatrix} 1 & -v\\ 0 & 1\end{pmatrix} = \mathfrak{S}_{-v}.$$

Weiter wird mit der Abkürzung $\mathfrak{x}' = B(\mathfrak{x})$:

$$\mathfrak{x}' - \mathfrak{t} = \mathfrak{D}_\alpha \cdot \mathfrak{S}_v \cdot \mathfrak{D}_{-\alpha} \cdot \mathfrak{x} \quad ;$$

wir multiplizieren diese Gleichung auf beiden Seiten von links nacheinander mit $\mathfrak{D}_{-\alpha}\ (= \mathfrak{D}_\alpha^{-1})$, $\mathfrak{S}_{-v}\ (= \mathfrak{S}_v^{-1})$, $\mathfrak{D}_\alpha (= \mathfrak{D}_{-\alpha}^{-1})$ und erhalten

$$\mathfrak{D}_\alpha \cdot \mathfrak{S}_{-v} \cdot \mathfrak{D}_{-\alpha}\ (\mathfrak{x}' - \mathfrak{t}) = \mathfrak{x} \quad , \quad \text{wegen } \mathfrak{D}_\alpha\, \mathfrak{S}_v\, \mathfrak{D}_{-\alpha} \mathfrak{t} = \mathfrak{t}$$

$$B^{-1}(\mathfrak{x}') = \mathfrak{x} = \mathfrak{D}_\alpha\, \mathfrak{S}_{-v}\, \mathfrak{D}_{-\alpha}\, \mathfrak{x}' - \mathfrak{t} \ .$$

Danach wird

$$A \circ B^{-1}(\mathfrak{x}) = \mathfrak{D}_\alpha\, \mathfrak{S}_u\, \mathfrak{D}_{-\alpha} \cdot (\mathfrak{D}_\alpha\, \mathfrak{S}_{-v}\, \mathfrak{D}_{-\alpha}\, \mathfrak{x} - \mathfrak{t}) + \mathfrak{b} =$$

$$= \mathfrak{D}_\alpha\, \mathfrak{S}_u\, \mathfrak{S}_{-v}\, \mathfrak{D}_{-\alpha}\, \mathfrak{x} - \mathfrak{t} + \mathfrak{b} \ .$$

Die Behauptung ist damit bewiesen, da das Produkt

$$\mathfrak{S}_u \cdot \mathfrak{S}_{-v} = \begin{pmatrix} 1 & u \\ 0 & 1 \end{pmatrix} \cdot \begin{pmatrix} 1 & -v \\ 0 & 1 \end{pmatrix} = \begin{pmatrix} 1 & u-v \\ 0 & 1 \end{pmatrix} = \mathfrak{S}_{u-v}$$

wieder eine Scherung darstellt und $\mathfrak{b} - \mathfrak{t}$ ebenfalls wieder parallel zur Scherungsachse ist.

A 31 Nach 1.8 handelt es sich um einen Kegelschnitt in Schräglage. 4.22 liefert uns den Drehwinkel gemäß

$$\tan 2\alpha = \frac{E}{B - A} = \frac{24}{29 - 36} = -\frac{24}{7} \quad ,$$

folglich $2\alpha \approx 180^0 - 73{,}38^0$, $\alpha \approx 53{,}13^0$; genauer:

$$\cos\alpha = \frac{3}{5} \ , \quad \sin\alpha = \frac{4}{5} \ .$$

Wir üben nun auf den Vektor $\mathfrak{x} = \begin{pmatrix} x \\ y \end{pmatrix}$ die folgende Transformation (Drehung; → 4.12.4) aus: $\mathfrak{x}' = \mathfrak{Dreh}_{53{,}13^0} \cdot \mathfrak{x}$ bzw.

$$\mathfrak{x} = \mathfrak{Dreh}_{-53{,}13^0} \cdot \mathfrak{x}' = \begin{pmatrix} \cos\alpha & \sin\alpha \\ -\sin\alpha & \cos\alpha \end{pmatrix} \mathfrak{x}' = \frac{1}{5} \begin{pmatrix} 3 & 4 \\ -4 & 3 \end{pmatrix} \mathfrak{x}' \ , \text{ d.h.}$$

$$x = \frac{1}{5}(3x' + 4y') \ , \quad y = \frac{1}{5}(-4x' + 3y') \ .$$

Durch Einsetzen in die gegebene Kegelschnittgleichung erhält man

$$\frac{36}{25}(3x' + 4y')^2 + \frac{29}{25}(-4x' + 3y')^2 + \frac{24}{25}(3x' + 4y') \cdot (-4x' + 3y') -$$

$$- \frac{168}{5}(3x' + 4y') - \frac{76}{5}(-4x' + 3y') + 20 = 0$$

Wir multiplizieren aus und ordnen

$$\frac{1}{25}\left[500\, x^2 + 1125\, y^2\right] - \frac{1}{5}\left[200\, x + 900\, y\right] + 20 = 0 \ ,$$

$$20\, x^2 + 45\, y^2 - 40x - 180\, y + 20 = 0 \qquad / : 5$$

$$4\, x^2 + 9\, y^2 - 8x - 36\, y + 4 = 0 \ .$$

Quadratische Ergänzung (→ 1.10) liefert nun

$$4(x^2 - 2x + 1) - 4 + 9(y^2 - 4y + 4) - 36 + 4 = 0,\quad 4(x-1)^2 + 9(y-2)^2 = 36,$$

zuletzt $\dfrac{(x-1)^2}{9} + \dfrac{(y-2)^2}{4} = 1.$

Es handelt sich also bei dem oben vorgelegten Kegelschnitt um die um $-53{,}13^0$ um den Nullpunkt gedrehte Ellipse mit Mittelpunkt $(1 \mid 2)$, $a = 3$, $b = 2$.

A 32 a) $x \begin{pmatrix} 1 \\ 2 \end{pmatrix} = \begin{pmatrix} 1 \\ 2 \end{pmatrix} + \begin{pmatrix} -1 \\ 3 \end{pmatrix} y,\quad x \begin{pmatrix} 1 \\ 2 \end{pmatrix} + y \begin{pmatrix} 1 \\ -3 \end{pmatrix} = \begin{pmatrix} 1 \\ 2 \end{pmatrix},\quad \begin{pmatrix} 1 & 1 \\ 2 & -3 \end{pmatrix} \cdot \begin{pmatrix} x \\ y \end{pmatrix} = \begin{pmatrix} 1 \\ 2 \end{pmatrix}.$

b) Wir berechnen die Skalarprodukte

$$\begin{aligned} 2x + y &= 3 \\ -3x + 7y &= 5 \end{aligned}\quad,\qquad \begin{pmatrix} 2 & 1 \\ -3 & 7 \end{pmatrix} \cdot \begin{pmatrix} x \\ y \end{pmatrix} = \begin{pmatrix} 3 \\ 5 \end{pmatrix}$$

c) Wir ordnen die einzelnen Zeilen um:

$$\begin{aligned} 11x - 3y - z &= 0 \\ x - 2y \quad &= 1 \\ 2x - 2y + z &= 2 \end{aligned}\quad,\qquad \begin{pmatrix} 11 & -3 & -1 \\ 1 & -2 & 0 \\ 2 & -2 & 1 \end{pmatrix} \cdot \begin{pmatrix} x \\ y \\ z \end{pmatrix} = \begin{pmatrix} 0 \\ 1 \\ 2 \end{pmatrix}.$$

A 33 a) Es ist $\det(\mathfrak{A}, \mathfrak{b}) = \begin{vmatrix} 1 & 2 & -14 \\ -1 & 5 & 7 \\ 3 & -1 & 7 \end{vmatrix} = 294$, die drei Spalten $\mathfrak{a}_1, \mathfrak{a}_2, \mathfrak{b}$ linear unabhängig und folglich nach 5.4 das LGS nicht lösbar.

b) Wir verfahren nach 5.8 (Gauß-Verfahren):

$$(\mathfrak{A}, \mathfrak{b}) = \left(\begin{array}{ccc|c} 1 & -1 & 5 & 1 \\ 2 & 0 & 4 & -2 \\ -3 & 1 & -9 & -4 \end{array}\right) \begin{array}{l} \cdot 3 \\ \\ (+) \end{array} \longrightarrow \left(\begin{array}{ccc|c} 1 & -1 & 5 & 1 \\ 2 & 0 & 4 & -2 \\ 0 & -2 & 6 & -1 \end{array}\right) \begin{array}{l} \cdot 2 \\ (-) \\ \end{array} \longrightarrow$$

$$\left(\begin{array}{ccc|c} 1 & -1 & 5 & 1 \\ 0 & 2 & -6 & -4 \\ 0 & -2 & 6 & -1 \end{array}\right) \begin{array}{l} \\ \\ (+) \end{array} \longrightarrow \left(\begin{array}{ccc|c} 1 & -1 & 5 & 1 \\ 0 & 2 & -6 & -4 \\ 0 & 0 & 0 & \boxed{-5} \end{array}\right) \leftarrow \neq 0\ (!)$$

also das LGS nicht lösbar.

c) Wir verfahren nach 5.8 (Gauß-Verfahren):

$$(\mathfrak{A}, \mathfrak{b}) = \left(\begin{array}{ccc|c} 1 & 1 & a & 1 \\ 1 & a & 1 & 1 \\ a & 1 & 1 & 1 \end{array}\right) \begin{array}{l} \cdot a \\ (-) \\ (-) \end{array} \longrightarrow \left(\begin{array}{ccc|c} 1 & 1 & a & 1 \\ 0 & a-1 & 1-a & 0 \\ 0 & 1-a & 1-a^2 & 1-a \end{array}\right) \begin{array}{l} \\ \\ (+) \end{array} \longrightarrow$$

$$\left(\begin{array}{ccc|c} 1 & 1 & a & 1 \\ 0 & a-1 & 1-a & 0 \\ 0 & 0 & 2-a-a^2 & 1-a \end{array}\right).$$

Das System ist also genau dann nicht lösbar, wenn zugleich $2-a-a^2 = 0$, $1-a \neq 0$ ist. Dieser Fall tritt nur für $a = -2$ ein.

A 34 a) $D = \begin{vmatrix} -2 & 1 \\ 5 & 13 \end{vmatrix} = (-2)\cdot 13 - 1\cdot 5 = -31\ ;\quad x = \frac{1}{D}\cdot \begin{vmatrix} 7 & 1 \\ -2 & 13 \end{vmatrix} = \frac{93}{-31} = -3\ ;$

$y = \frac{1}{D}\begin{vmatrix} -2 & 7 \\ 5 & -2 \end{vmatrix} = 1\ .$

b) $D = \begin{vmatrix} 1 & 3 & 0 \\ -2 & -3 & 1 \\ -2 & -2 & 1 \end{vmatrix} \underset{\uparrow}{=} \begin{vmatrix} 1 & 3 & 0 \\ 0 & -1 & 1 \\ 0 & 0 & 1 \end{vmatrix} = -1$

das Doppelte der 3. Spalte wird zur 1. u. 2. addiert

$x_1 = \frac{1}{D}\begin{vmatrix} 3 & 3 & 0 \\ 0 & -3 & 1 \\ 2 & -2 & 1 \end{vmatrix} = -3\cdot\begin{vmatrix} 1 & 1 & 0 \\ 0 & -3 & 1 \\ 2 & -2 & 1 \end{vmatrix} = -3\cdot\left(\begin{vmatrix} -3 & 1 \\ -2 & 1 \end{vmatrix} + 2\cdot\begin{vmatrix} 1 & 0 \\ -3 & 1 \end{vmatrix}\right) = -3$

$x_2 = \frac{1}{D}\begin{vmatrix} 1 & 3 & 0 \\ -2 & 0 & 1 \\ -2 & 2 & 1 \end{vmatrix} = 2\ ;\quad x_3 = \frac{1}{D}\begin{vmatrix} 1 & 3 & 3 \\ -2 & -3 & 0 \\ -2 & -2 & 2 \end{vmatrix} = 0.$ Also $\mathfrak{x} = \begin{pmatrix} -3 \\ 2 \\ 0 \end{pmatrix}$.

c) $D = \begin{vmatrix} 4 & 0 & 2 \\ 5 & 2 & 0 \\ 1 & -2 & a \end{vmatrix} = 8\,(a-3)\ ;\quad x = \frac{1}{D}\begin{vmatrix} 2 & 0 & 2 \\ 1 & 2 & 0 \\ 3 & -2 & a \end{vmatrix} = \frac{4\,(a-4)}{D} = \frac{a-4}{2\,(a-3)}\ ;$

$y = \frac{1}{D}\begin{vmatrix} 4 & 2 & 2 \\ 5 & 1 & 0 \\ 1 & 3 & a \end{vmatrix} = \frac{28-6a}{D} = \frac{14-3a}{4\,(a-3)}\ ;\quad z = \frac{1}{D}\begin{vmatrix} 4 & 0 & 2 \\ 5 & 2 & 1 \\ 1 & -2 & 3 \end{vmatrix} = \frac{8}{D} = \frac{1}{a-3}.$

A 35 a) Mit $\mathfrak{A} = \begin{pmatrix} -2 & 5 & -11 \\ 0 & -1 & 1 \\ 3 & 2 & 7 \end{pmatrix},\quad \mathfrak{x} = \begin{pmatrix} x \\ y \\ z \end{pmatrix},\quad \mathfrak{o} = \begin{pmatrix} 0 \\ 0 \\ 0 \end{pmatrix}$ schreiben wir kürzer $\mathfrak{A}\mathfrak{x} = \mathfrak{o}$.

Die Umformung gemäß 5.8 lautet

$$\mathfrak{A} = \begin{pmatrix} -2 & 5 & -11 \\ 0 & -1 & 1 \\ 3 & 2 & 7 \end{pmatrix} \longrightarrow \begin{pmatrix} -2 & 5 & -11 \\ 0 & -1 & 1 \\ 0 & 9{,}5 & -9{,}5 \end{pmatrix} \longrightarrow \begin{pmatrix} -2 & 5 & -11 \\ 0 & -1 & 1 \\ 0 & 0 & 0 \end{pmatrix}\ .$$

Das Restsystem lautet daher: $-y + z = 0$, $-2x + 5y - 11z = 0$, woraus sich $y = z$, $x = -3z$, folglich

$$\mathfrak{x} = \begin{pmatrix} x \\ y \\ z \end{pmatrix} = \begin{pmatrix} -3z \\ z \\ z \end{pmatrix} = z\cdot\begin{pmatrix} -3 \\ 1 \\ 1 \end{pmatrix}$$

ergibt. Der Lösungsraum $\mathbb{L}$ ($\rightarrow$ 5.5) wird damit zu

$$\mathbb{L} = \left\{\lambda\cdot\begin{pmatrix} -3 \\ 1 \\ 1 \end{pmatrix} \,\middle|\, \lambda \in \mathbf{R}\right\} \qquad \text{(Ursprungsgerade!)}$$

b) $(\mathfrak{A},\mathfrak{b}) = \left(\begin{array}{ccc|c} 5 & 2 & -4 & 1 \\ 10 & -6 & -6 & 0 \\ -35 & 16 & 22 & -1 \end{array}\right) \longrightarrow \left(\begin{array}{ccc|c} 5 & 2 & -4 & 1 \\ 0 & -6-2\cdot\frac{10}{5} & -6-(-4)\cdot\frac{10}{5} & 0-1\cdot\frac{10}{5} \\ 0 & 16-2\cdot\frac{-35}{5} & 22-(-4)\cdot\frac{-35}{5} & -1-1\cdot\frac{-35}{5} \end{array}\right)$

$$= \left(\begin{array}{ccc|c} 5 & 2 & -4 & 1 \\ 0 & -10 & 2 & -2 \\ 0 & 30 & -6 & 6 \end{array}\right) \longrightarrow \left(\begin{array}{ccc|c} 5 & 2 & -4 & 1 \\ 0 & -10 & 2 & -2 \\ 0 & 0 & -6-2\cdot\frac{30}{-10} & 6-(-2)\cdot\frac{30}{-10} \end{array}\right) =$$

$$= \left(\begin{array}{ccc|c} 5 & 2 & -4 & 1 \\ 0 & -10 & 2 & -2 \\ 0 & 0 & 0 & 0 \end{array}\right) = (\mathfrak{A}^*, \mathfrak{b}^*) \qquad (\rightarrow 5.9)$$

Wir lesen unmittelbar ab: Rang $\mathfrak{A} = 2$, also $\dim \mathbb{L} = 3 - 2 = 1$, $\det \mathfrak{A} = 0$.
Das Restsystem lautet

$$-10x_2 + 2x_3 = -2, \qquad 5x_1 + 2x_2 - 4x_3 = 1.$$

Aus der ersten Gleichung entnehmen wir: $x_2 = \frac{1}{5} + \frac{1}{5}x_3$.
Einsetzen in die zweite Gleichung liefert

$$5x_1 = 1 - 2x_2 + 4x_3 = \frac{3}{5} + \frac{18}{5}x_3 .$$

Die Lösungsgesamtheit $\mathbb{L}$ läßt sich demnach mit beliebigem $x_3 \in \mathbb{R}$ beschreiben durch

$$\mathfrak{x} = \begin{pmatrix} \frac{3}{25} + \frac{18}{25}x_3 \\ \frac{1}{5} + \frac{1}{5}x_3 \\ x_3 \end{pmatrix} .$$

Wir setzen noch $x_3 = 4 + 25\lambda$ für $\lambda \in \mathbb{R}$ und können $\mathbb{L}$ eleganter in der folgenden Form notieren

$$\mathfrak{x} = \begin{pmatrix} 3 + 18\lambda \\ 1 + 5\lambda \\ 4 + 25\lambda \end{pmatrix}, \quad \mathbb{L} = \left\{ \begin{pmatrix} 3 \\ 1 \\ 4 \end{pmatrix} + \lambda \cdot \begin{pmatrix} 18 \\ 5 \\ 25 \end{pmatrix} \;\middle|\; \lambda \in \mathbb{R} \right\} \quad (\leftarrow \text{Parameterform}$$

einer Geraden im Raum!)

c) Zu bestimmen ist eine 3x3-Matrix $\mathfrak{X}$ $(= \mathfrak{A}^{-1})$, für die gilt

$$\begin{pmatrix} 1 & 3 & 0 \\ -2 & -3 & 1 \\ -2 & -2 & 1 \end{pmatrix} \cdot \mathfrak{X} = \mathfrak{E} .$$

Unter der Bezeichnung $\mathfrak{X} = (\mathfrak{x}_1, \mathfrak{x}_2, \mathfrak{x}_3)$, $\mathfrak{E} = (\mathfrak{u}_1, \mathfrak{u}_2, \mathfrak{u}_3)$ ist dies gleichbedeutend mit $(\rightarrow 3.17,\ 3.18)$

$$\begin{pmatrix} 1 & 3 & 0 \\ -2 & -3 & 1 \\ -2 & -2 & 1 \end{pmatrix} \cdot \mathfrak{x}_k = \mathfrak{u}_k \qquad \text{für } k = 1, 2, 3,$$

so daß drei inhomogene lineare Gleichungssysteme zu lösen sind. Wir könnten nun nacheinander die Matrizen $(\mathfrak{A}, \mathfrak{u}_k)$ für $k = 1, 2, 3$ nach der Gauß-Methode behandeln; - das läßt sich aber simultan bewerkstelligen:

$$(\mathfrak{A}, \mathfrak{u}_1, \mathfrak{u}_2, \mathfrak{u}_3) = \left(\begin{array}{ccc|ccc} 1 & 3 & 0 & 1 & 0 & 0 \\ -2 & -3 & 1 & 0 & 1 & 0 \\ -2 & -2 & 1 & 0 & 0 & 1 \end{array}\right) \longrightarrow \left(\begin{array}{ccc|ccc} 1 & 3 & 0 & 1 & 0 & 0 \\ 0 & 3 & 1 & 2 & 1 & 0 \\ 0 & 4 & 1 & 2 & 0 & 1 \end{array}\right) \longrightarrow$$

$$\longrightarrow \left(\begin{array}{ccc|ccc} 1 & 3 & 0 & 1 & 0 & 0 \\ 0 & 3 & 1 & 2 & 1 & 0 \\ 0 & 0 & -\frac{1}{3} & -\frac{2}{3} & -\frac{4}{3} & 1 \end{array}\right) .$$

Die drei linearen Gleichungssysteme lauten jetzt

1) $-\frac{1}{3}x_{31} = -\frac{2}{3}, \quad 3x_{21} + x_{31} = 2, \quad x_{11} + 3x_{21} = 1$

2) $-\frac{1}{3}x_{32} = -\frac{4}{3}, \quad 3x_{22} + x_{32} = 1, \quad x_{12} + 3x_{22} = 0$

3) $-\frac{1}{3}x_{33} = 1, \quad 3x_{23} + x_{33} = 0, \quad x_{13} + 3x_{23} = 0 .$

Durch sukzessives Einsetzen finden wir sofort

$$\mathfrak{A}^{-1} = \mathfrak{X} = (x_{ij}) = \begin{pmatrix} 1 & 3 & -3 \\ 0 & -1 & 1 \\ 2 & 4 & -3 \end{pmatrix} .$$

A 36 A hat nach 4.1 die allgemeine Gestalt

$$A(\mathfrak{x}) = \mathfrak{A}\mathfrak{x} + \mathfrak{b} = \begin{pmatrix} a & b \\ c & d \end{pmatrix} \cdot \mathfrak{x} + \begin{pmatrix} e \\ f \end{pmatrix} .$$

Die Bedingung $P \rightarrow P'$ führt zur Einsetzung $\mathfrak{x} = \begin{pmatrix} 1 \\ 1 \end{pmatrix}$, $A(\mathfrak{x}) = \begin{pmatrix} 5 \\ 7 \end{pmatrix}$:

$$\begin{pmatrix} 5 \\ 7 \end{pmatrix} = \begin{pmatrix} a & b \\ c & d \end{pmatrix} \cdot \begin{pmatrix} 1 \\ 1 \end{pmatrix} + \begin{pmatrix} e \\ f \end{pmatrix}, \quad \text{also}$$

$$a + b + e = 5 \quad \text{und} \quad c + d + f = 7 ,$$

analog aus den übrigen Zuordnungen $Q \rightarrow Q'$, $R \rightarrow R'$:

$$4a + 2b + e = 15 , \qquad 4c + 2d + f = 15$$
$$3a + 4b + e = 21 , \qquad 3c + 4d + f = 24 .$$

Dieses inhomogene LGS von 6 Gleichungen mit 6 Unbekannten ist leicht lösbar, da seine Koeffizientenmatrix (→5.1) $\mathfrak{B}$ eine recht einfache Gestalt (viele Nullen!) besitzt. Wir verfahren gemäß 5.8

$$\mathfrak{B} = \left(\begin{array}{cccccc|c} a & b & c & d & e & f & \\ \hline 1 & 1 & 0 & 0 & 1 & 0 & 5 \\ 0 & 0 & 1 & 1 & 0 & 1 & 7 \\ 4 & 2 & 0 & 0 & 1 & 0 & 15 \\ 0 & 0 & 4 & 2 & 0 & 1 & 15 \\ 3 & 4 & 0 & 0 & 1 & 0 & 21 \\ 0 & 0 & 3 & 4 & 0 & 1 & 24 \end{array}\right) \begin{array}{l} \cdot(-4) \text{ zu Zeile 3},\ \cdot(-3) \text{ zu Zeile 5} \end{array} \longrightarrow \left(\begin{array}{cccccc|c} 1 & 1 & 0 & 0 & 1 & 0 & 5 \\ 0 & 0 & 1 & 1 & 0 & 1 & 7 \\ 0 & -2 & 0 & 0 & -3 & 0 & -5 \\ 0 & 0 & 4 & 2 & 0 & 1 & 15 \\ 0 & 1 & 0 & 0 & -2 & 0 & 6 \\ 0 & 0 & 3 & 4 & 0 & 1 & 24 \end{array}\right)$$

3x Zeilentausch

$$\rightarrow \left(\begin{array}{cccccc|c} 1 & 1 & 0 & 0 & 1 & 0 & 5 \\ 0 & 1 & 0 & 0 & -2 & 0 & 6 \\ 0 & 0 & 1 & 1 & 0 & 1 & 7 \\ 0 & -2 & 0 & 0 & -3 & 0 & -5 \\ 0 & 0 & 4 & 2 & 0 & 1 & 15 \\ 0 & 0 & 3 & 4 & 0 & 1 & 24 \end{array}\right) \begin{array}{l} \\ \cdot(+2) \text{ (zur 4. Zeile)} \\ \cdot(-4) \text{ (zur 5. Zeile)},\ \cdot(-3) \text{ (zur 6. Zeile)} \\ \\ \\ \\ \end{array} \longrightarrow \left(\begin{array}{cccccc|c} 1 & 1 & 0 & 0 & 1 & 0 & 5 \\ 0 & 1 & 0 & 0 & -2 & 0 & 6 \\ 0 & 0 & 1 & 1 & 0 & 1 & 7 \\ 0 & 0 & 0 & 0 & -7 & 0 & 7 \\ 0 & 0 & 0 & -2 & 0 & -3 & -13 \\ 0 & 0 & 0 & 1 & 0 & -2 & 3 \end{array}\right) \text{ 4x Zeilentausch}$$

$$\rightarrow \left(\begin{array}{cccccc|c} 1 & 1 & 0 & 0 & 1 & 0 & 5 \\ 0 & 1 & 0 & 0 & -2 & 0 & 6 \\ 0 & 0 & 1 & 1 & 0 & 1 & 7 \\ 0 & 0 & 0 & 1 & 0 & -2 & 3 \\ 0 & 0 & 0 & -2 & 0 & -3 & -13 \\ 0 & 0 & 0 & 0 & -7 & 0 & 7 \end{array}\right) \begin{array}{l} \\ \\ \\ \cdot(+2) \\ \\ \text{1x Zeilentausch} \end{array} \longrightarrow \left(\begin{array}{cccccc|c} 1 & 1 & 0 & 0 & 1 & 0 & 5 \\ 0 & 1 & 0 & 0 & -2 & 0 & 6 \\ 0 & 0 & 1 & 1 & 0 & 1 & 7 \\ 0 & 0 & 0 & 1 & 0 & -2 & 3 \\ 0 & 0 & 0 & 0 & -7 & 0 & 7 \\ 0 & 0 & 0 & 0 & 0 & -7 & -7 \end{array}\right)$$

Wir lösen das gestaffelte Endsystem:

$-7f = -7$, $f = 1$,
$-7e + 0\cdot f = 7$, $e = -1$,
$d + 0\cdot e - 2f = 3$, $d = 5$
$c + d + 0\cdot e + f = 7$, $c = 1$
$b + 0\cdot c + 0\cdot d - 2e + 0\cdot f = 6$, $b = 4$
$a + b + 0\cdot c + 0\cdot d + e + 0\cdot f = 5$, $a = 2$.

Also $A(\mathfrak{x}) = \begin{pmatrix} 2 & 4 \\ 1 & 5 \end{pmatrix} \cdot \mathfrak{x} + \begin{pmatrix} -1 \\ 1 \end{pmatrix}$ (→ A 24).

A 37 a) Es ist $\mathfrak{x} \in \mathbb{L}$ genau dann, wenn gleichzeitig

$$\begin{pmatrix} 5 \\ 2 \\ -4 \end{pmatrix} \circ \mathfrak{x} = 1, \quad \begin{pmatrix} 5 \\ -3 \\ -3 \end{pmatrix} \circ \mathfrak{x} = 0, \quad \begin{pmatrix} 35 \\ -16 \\ -22 \end{pmatrix} \circ \mathfrak{x} = 1$$

ist. Wir schreiben diese drei Bedingungen in der Form

$$\begin{pmatrix} 5 & 2 & -4 \\ 10 & -6 & -6 \\ -35 & 16 & 22 \end{pmatrix} \cdot \mathfrak{x} = \begin{pmatrix} 1 \\ 0 \\ -1 \end{pmatrix}.$$

Die Lösung dieses LGS ist bereits in A 35 b) geleistet.

b) Setzen wir staufreien Fluß an den Kreuzungsstellen voraus, müssen die ankommenden Mengen für jeden Knoten gleich den abfließenden sein (s. Abb. 21):

$$\left.\begin{array}{lll} \text{links unten}: & 30 + x_1 = 45 + x_4 \\ \text{rechts unten}: & 60 + x_2 = 20 + x_1 \\ \text{rechts oben}: & 70 + x_3 = 80 + x_2 \\ \text{links oben}: & 40 + x_4 = 55 + x_3 \end{array}\right\} \iff \begin{pmatrix} 1 & 0 & 0 & -1 \\ -1 & 1 & 0 & 0 \\ 0 & -1 & 1 & 0 \\ 0 & 0 & -1 & 1 \end{pmatrix} \cdot \mathfrak{x} = \begin{pmatrix} 15 \\ -40 \\ 10 \\ 15 \end{pmatrix}.$$

Zur Behandlung der erweiterten Koeffizientenmatrix $(\mathfrak{A}, \mathfrak{b})$ nach Gauß (→ 5.8) addieren wir nacheinander die 1. Zeile zur 2., die neue 2. zur 3., die 3. zur 4. und erhalten

$$\left(\begin{array}{cccc|c} 1 & 0 & 0 & -1 & 15 \\ -1 & 1 & 0 & 0 & -40 \\ 0 & -1 & 1 & 0 & 10 \\ 0 & 0 & -1 & 1 & 15 \end{array}\right) \longrightarrow \left(\begin{array}{cccc|c} 1 & 0 & 0 & -1 & 15 \\ 0 & 1 & 0 & -1 & -25 \\ 0 & 0 & 1 & -1 & -15 \\ 0 & 0 & 0 & 0 & 0 \end{array}\right),$$

also $x_3 = x_4 - 15$, $x_2 = x_4 - 25$, $x_1 = x_4 + 15$ und damit $x_2 < x_3 < x_4 < x_1$. Die Belastung ist damit für x_2 am geringsten, für x_1 am stärksten.

c) Wir gehen vom Ansatz $y = a_1 x + a_2 x^2 + a_3 x^3$ aus ($a_0 = 0$ wegen $y(0) = 0$) und erhalten durch Einsetzen der obigen Werte die Gleichungen

$$a_1 \cdot 25 + a_2 \cdot 25^2 + a_3 \cdot 25^3 = 12$$

$$a_1 \cdot 18{,}85 + a_2 \cdot 18{,}85^2 + a_3 \cdot 18{,}85^3 = 11$$

$$a_1 \cdot 9 + a_2 \cdot 9^2 + a_3 \cdot 9^3 = 6{,}2 \quad .$$

Übertragung in Matrizenschreibweise: $\mathfrak{A}\mathfrak{x} = \mathfrak{b}$ mit

$$(\mathfrak{A},\mathfrak{b}) = \left(\begin{array}{ccc|c} 25 & 625 & 15625 & 12 \\ 18{,}85 & 355{,}3225 & 6697{,}8291 & 11 \\ 9 & 81 & 729 & 6{,}2 \end{array}\right).$$

Wir behandeln nach dem Gaußschen Eliminationsverfahren (→5.8, 5.9)

$$(\mathfrak{A},\mathfrak{b}) \longrightarrow \left(\begin{array}{ccc|c} 25 & 625 & 15625 & 12 \\ 0 & -115{,}9275 & -5083{,}4209 & 1{,}952 \\ 0 & -144 & -4896 & 1{,}88 \end{array}\right) \longrightarrow$$

$$\longrightarrow \left(\begin{array}{ccc|c} 25 & 625 & 15625 & 12 \\ 0 & -115{,}9275 & -5083{,}4209 & 1{,}952 \\ 0 & 0 & 1418{,}4 & -0{,}5447 \end{array}\right) = (\mathfrak{A}^*, \mathfrak{b}^*)$$

Wir lösen das gestaffelte Endsystem:

$1418{,}4\, a_3 = -0{,}5447 \Longrightarrow a_3 = -0{,}000384$;

$-115{,}9275\, a_2 - 5083{,}4209\, a_3 = 1{,}952 \Longrightarrow a_2 = 0$;

$25\, a_1 + 625\, a_2 + 15625\, a_3 = 12 \Longrightarrow a_1 = 0{,}72$.

Das gesuchte Polynom lautet

$$y = 0{,}72\, x - 0{,}000384\, x^3 \quad (= 3 \cdot y\left(\tfrac{l}{2}\right) \cdot \left[\left(\tfrac{x}{l}\right) - \tfrac{4}{3} \cdot \left(\tfrac{x}{l}\right)^3\right] \text{ mit } l = 50).$$

d) Wir vergleichen auf beiden Seiten der Reaktionsgleichung der Reihe nach die Anzahl der Mn-, S-, O-, Br-, Na- und H-Atome:

Mn: $x_1 = x_4$; S : $x_1 = x_6$; O: $4x_1 + x_3 = 4x_4 + 4x_6 + x_7$;

Br: $2x_2 = x_5$; Na: $x_3 = x_4 + x_5 + 2x_6$; H: $x_3 = 2x_7$.

Die Unbekannten x_4 und x_6 sind beide unmittelbar durch x_1 ausgedrückt. Setzen wir dies in die verbleibenden Gleichungen ein, ergibt sich nach geringfügiger Umformung:

$$-4x_1 + x_3 - x_7 = 0, \quad 2x_2 - x_5 = 0, \quad -3x_1 + x_3 - x_5 = 0, \quad x_3 - 2x_7 = 0.$$

Die Koeffizientenmatrix $\mathfrak{A}$ dieses LGS $\mathfrak{A}\mathfrak{x} = \mathfrak{o}$ behandeln wir nach 5.8

$$\mathfrak{A} = \begin{pmatrix} -4 & 0 & 1 & 0 & -1 \\ 0 & 2 & 0 & -1 & 0 \\ -3 & 0 & 1 & -1 & 0 \\ 0 & 0 & 1 & 0 & -2 \end{pmatrix} \longrightarrow \begin{pmatrix} -4 & 0 & 1 & 0 & -1 \\ 0 & 2 & 0 & -1 & 0 \\ 0 & 0 & \frac{1}{4} & -1 & \frac{3}{4} \\ 0 & 0 & 1 & 0 & -2 \end{pmatrix} \longrightarrow \begin{pmatrix} -4 & 0 & 1 & 0 & -1 \\ 0 & 2 & 0 & -1 & 0 \\ 0 & 0 & \frac{1}{4} & -1 & \frac{3}{4} \\ 0 & 0 & 0 & 4 & -5 \end{pmatrix} .$$

Das gestaffelte Endsystem lautet nun

$$4x_5 = 5x_7 , \quad x_3 - 4x_5 + 3x_7 = 0, \quad 2x_2 - x_5 = 0 , \quad -4x_1 + x_3 - x_7 = 0 .$$

Wir setzen nacheinander ein und erhalten

$$x_5 = \frac{5}{4}x_7 , \quad x_3 = 2x_7 , \quad x_2 = \frac{5}{8}x_7 , \quad x_1 = \frac{1}{4}x_7 , \quad x_4 = \frac{1}{4}x_7 , \quad x_6 = \frac{1}{4}x_7 .$$

Der kleinste Wert von x_7, für den alle Koeffizienten x_i natürliche Zahlen werden, ist $x_7 = 8$. Die vollständige Reaktionsgleichung lautet somit

$$2\ MnSO_4 + 5\ Br_2 + 16\ NaOH \longrightarrow 2\ NaMnO_4 + 10\ NaBr + 2\ Na_2SO_4 + 8\ H_2O.$$

A 38 a) Nach 5.13 ist $\det \mathfrak{E} = 1$, nach 3.21 $\mathfrak{A}^{-1}\mathfrak{A} = \mathfrak{E}$, also aufgrund des Determinanten-Multiplikationssatzes 5.15

$$\det \mathfrak{A}^{-1} \cdot \det \mathfrak{A} = \det \mathfrak{A}\mathfrak{A}^{-1} = \det \mathfrak{E} = 1 .$$

b) Nach 5.13 ist $\det (\lambda \mathfrak{E}) = \det \begin{bmatrix} \lambda & & 0 \\ & \ddots & \\ 0 & & \lambda \end{bmatrix} = \lambda \cdot \lambda \cdot \ldots \cdot \lambda = \lambda^n$,

folglich unter Benutzung von 5.15

$$\det (\lambda \mathfrak{A}) = \det (\lambda \mathfrak{E} \cdot \mathfrak{A}) = \det (\lambda \mathfrak{E}) \cdot \det \mathfrak{A} = \lambda^n \det \mathfrak{A}$$

c) $\det (\lambda \mathfrak{E} - \mathfrak{A}^{-1}) = \det (\lambda \mathfrak{A}\mathfrak{A}^{-1} - \mathfrak{A}^{-1}) = \det [(\lambda \mathfrak{A} - \mathfrak{E}) \cdot \mathfrak{A}^{-1}] \overset{5.15}{=}$

$$= \det (\lambda \mathfrak{A} - \mathfrak{E}) \cdot \det \mathfrak{A}^{-1} \overset{a)}{=} \frac{1}{\det \mathfrak{A}} \cdot \det (\lambda \mathfrak{A} - \mathfrak{E}) =$$

$$= \frac{1}{\det \mathfrak{A}} \cdot \det [(-\lambda) \cdot (\frac{1}{\lambda} \mathfrak{E} - \mathfrak{A})] \overset{b)}{=} \frac{(-\lambda)^n}{\det \mathfrak{A}} \cdot \det (\frac{1}{\lambda} \mathfrak{E} - \mathfrak{A}).$$

Also: $\det (\lambda \mathfrak{E} - \mathfrak{A}^{-1}) = 0 \iff \det (\frac{1}{\lambda} \mathfrak{E} - \mathfrak{A}) = 0$.

d) $\det (\lambda \mathfrak{E} - \mathfrak{A} \cdot \mathfrak{B}) = \det (\lambda \mathfrak{B}^{-1}\mathfrak{B} - \mathfrak{A}\mathfrak{B}) = \det [(\lambda \mathfrak{B}^{-1} - \mathfrak{A}) \cdot \mathfrak{B}] \overset{5.15}{=}$

$$= \det \mathfrak{B} \cdot \det (\lambda \mathfrak{B}^{-1} - \mathfrak{A}) \overset{5.15}{=} \det [\mathfrak{B} \cdot (\lambda \mathfrak{B}^{-1} - \mathfrak{A})] \overset{3.21}{=} \det (\lambda \mathfrak{E} - \mathfrak{B}\mathfrak{A}) .$$

Deutsches Alphabet zum besseren Verständnis der alten Vektorschreibweise

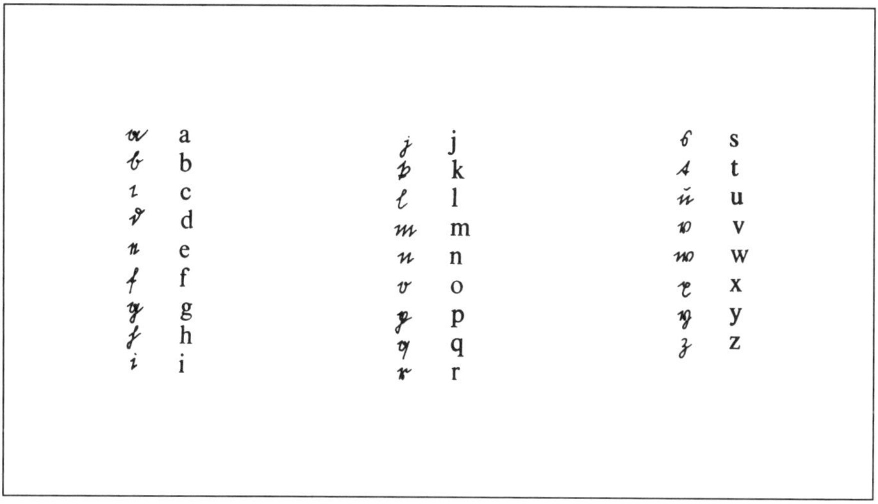

Leerseiten verbilligen in diesem Fall die Herstellung des Heftes!

Ihre Meinung ist uns wichtig !

Ihre Anregungen sind uns immer willkommen.
Bitte informieren Sie uns mit diesem Schein über Ihre Verbesserungsvorschläge!

Titel-Nr.	Seite	Fehler, Vorschlag

Bitte hier abtrennen

Bitte hier abtrennen

Zutreffendes bitte ankreuzen!

Die Absenderin/der Absender ist:

- ☐ Lehrer/in
- ☐ Fachbetreuer/in
  Fächer: ____________
- ☐ Seminarlehrer/in
  Fächer: ____________
- ☐ Regierungsfachberater/in
  Fächer: ____________
- ☐ Oberstufenbetreuer/in
- ☐ Schulleiter/in
- ☐ Leiter/in Lehrerbibliothek
- ☐ Leiter/in Schülerbibliothek
- ☐ Referendar/in, Termin 2. Staats-examen: ____________
- ☐ Sekretariat
- ☐ Schüler/in, Klasse: ____________
- ☐ Eltern
- ☐ Sonstiges: ____________

Unterrichtsfächer: **(Bei Lehrkräften!)**

____

STARK Verlag
Postfach 1852
85318 Freising

9-V05

Bitte ausfüllen und im frankierten Umschlag an uns einsenden. Für Fensterkuverts geeignet.

Kennen Sie Ihre Kundennummer?
Bitte hier eintragen.

Absender **(Bitte in Druckbuchstaben!)**

____
Name/Vorname

____
Straße/Nr.

____
PLZ/Ort

____
Telefon privat **Geburtsjahr**

Schule/Schulstempel **(Bitte immer angeben!)**

(Bitte blättern Sie um)